# PLANTATION DES ROUTES.

## RÉSUMÉ

DES

## NOTES RECUEILLIES AUX LEÇONS D'ARBORICULTURE

données

AUX AGENTS DES PONTS ET CHAUSSÉES DE LA HAUTE-SAÔNE,

Par M. DU BREUIL,

PROFESSEUR AU CONSERVATOIRE DES ARTS ET MÉTIERS DE PARIS,

en 1856.

VESOUL,

TYPOGRAPHIE DE L. SUCHAUX.

1857.

C.

# AVERTISSEMENT.

Le résumé qui fait l'objet de la présente publication est exclusivement destiné aux Agents des ponts et chaussées du département de la Haute-Saône.

Il a pour but de leur rappeler les principes d'arboriculture développés par M. Du Breuil, dans les leçons que cet habile professeur a faites à Vesoul en 1856, avec l'autorisation de l'Administration supérieure.

S'il renferme quelques erreurs d'exposition ou de principes, quelques détails incomplets ou inexacts, on ne devra les attribuer qu'à l'insuffisance de ses auteurs, qui naturellement ne possèdent sur ces matières que des notions fort restreintes, et ne les point faire remonter au professeur distingué qui a bien voulu exposer devant eux les principes qui doivent diriger les Ingénieurs et Conducteurs des ponts et chaussées dans la création et l'entretien des plantations d'arbres d'alignement le long des routes. Le service des plantations étant appelé à prendre un certain développement dans la Haute-Saône, l'Administration supérieure s'est empressée, sur notre demande, d'autoriser l'impression de ce résumé, dans le but de rappeler aux Agents spécialement chargés de la surveillance des travaux les meilleures pratiques à suivre pour assurer le succès des plantations exécutées, par ses ordres, sur le sol des routes.

CHENOT, Ingénieur en chef de la Haute-Saône;

MONTGOLFIER, Ingénieur ordinaire du service hydraulique.

# PLANTATION DES ROUTES.

## CHAPITRE 1er.

IMPORTANCE DES PLANTATIONS. — ESSENCES CONVENABLES.

### 1. — But des plantations d'alignement.

La plantation des routes a de tout temps et à juste titre appelé l'attention particulière de l'Administration supérieure. Elle a pour but, en effet, de contribuer à leur ornement pendant l'été, à leur sûreté pendant l'hiver, et surtout de faire servir à la production d'une importante quantité de bois de service la partie de leur largeur qui n'est pas absolument nécessaire à la circulation.

Les arbres disposés le long des routes les ombragent agréablement pendant l'été ; en hiver, lorsqu'elles sont couvertes de neige, ils servent de guides aux voyageurs et rendent les communications plus sûres. Enfin, leur produit présente, au point de vue économique, une valeur assez grande, comme le démontrent les chiffres suivants, pour justifier tout l'intérêt qui s'attache à leur établissement comme à leur entretien.

Les routes impériales et stratégiques ont, en France, un développement de 35,000 kilomètres; les routes départementales, un développement de 40,000 kilomètres; total, 75,000 kilomètres. Admettons que les deux côtés soient plantés d'arbres espacés de 10 mètres, leur nombre s'élèvera à $\frac{75,000,000}{5} = 15,000,000$. Or, dans un bois de haute futaie on compte 400 pieds d'arbres par hectare : la plantation des routes équivaudra donc à une forêt de $\frac{15,000,000}{400} = 37,500$ hectares ; c'est environ un vingtième de l'étendue des forêts de l'Etat. La valeur de ces arbres peut devenir considérable s'ils reçoivent les soins convenables, attendu que la végétation se fait sur le bord des routes dans des conditions bien meilleures que dans les forêts, où l'humidité du sol, le défaut d'air et d'espace nuisent toujours à la qualité du bois.

### 2. — Choix des essences.

Le choix des espèces d'arbres à planter est de la plus haute importance. Il faut se préoccuper, en effet, 1° de la bonne qualité du bois à obtenir ; 2° de la forme générale des arbres, dont la tige doit être suffisamment élevée pour que leur tête feuillée n'oppose aucun obstacle à la circulation des voitures non plus qu'à celle de l'air ; 3° de la nature du feuillage, qui doit être large, épais et très-ombreux ; 4° de la rusticité des sujets, dont le développement doit être rapide ; 5° des variétés qui s'accommodent le mieux de la nature du sol et du climat.

Le tableau ci-dessous indique le nom des meilleures essences connues et leur mode de multiplication, sur lequel, du reste, nous aurons à donner plus loin des explications assez étendues.

## Tableau n° 1.

*Espèces les plus employées.* — *Mode de multiplication.*

| ESPÈCES. | SEMIS. | NON RECÉPÉS. | BOUTURES OU GREFFES. |
|---|---|---|---|
| Aulne commun . . . . | Semis. | » | Bouture. |
| Charme commun . . . | Id. | » | Semis exclusivement. |
| Chêne-rouvre. . . . . | Id. | Non recépé. | Id. |
| Chêne commun . . . . | Id. | Id. | Id. |
| Erable sycomore . . . | Id. | Id. | Id. |
| — plane . . . . . | Id. | Id. | Id. |
| Frêne commun . . . . | Id. | Id. | Id. |
| Hêtre des bois. . . . . | Id. | Id. | Id. |
| Marronnier d'Inde. . . | Id. | Id. | Id. |
| Noyer noir . . . . . . | Id. | Id. | Id. |
| Vernis du Japon. . . . | Id. | » | Id. |
| Acacia . . . . . . . . . | Id. | » | Id. |
| Orme champêtre . . . | Id. | » | Bouture et greffe en écusson |
| — pédonculé . . . | Id. | » | Id. |
| — tortillard . . . . | » | » | Id. |
| Tilleul de Hollande . . | Semis. | » | Bouture. |
| — argenté . . . . | Id | » | Greffe en écusson. |
| Peuplier blanc . . . . | » | » | Bouture. |
| — argenté. . . . | » | » | Id. |
| — du Canada . . | » | » | Id. |
| — de Virginie. . | » | » | Id. |
| — d'Italie. . . . | » | » | Id. |
| Platane . . . . . . . . | » | » | Id. |

Les essences qui paraissent le mieux convenir dans la Haute-Saône sont : l'orme, le frêne, l'érable plane, le sycomore, le platane, le peuplier noir de Hollande, le peuplier de Virginie, le peuplier d'Italie et le peuplier blanc de Hollande. Nous ne parlons ni du marronnier d'Inde, ni du tilleul argenté, qui, ne fournissant qu'un bois de service sans valeur, ne peuvent être employés que pour l'ornement d'une promenade ou d'une avenue.

### 3. — Provenance des arbres.

L'administration des ponts et chaussées tire ordinairement de pépinières appartenant à des particuliers les jeunes arbres qu'elle veut planter sur le sol des routes ; mais souvent aussi elle crée des pépinières pour se les procurer. Quand elle possède un terrain suffisant et de nature convenable, quand elle a sous la main des ouvriers exercés, de grandes plantations à créer ou à entretenir, des renouvellements importants à exécuter, il y a tout avantage pour elle à créer des pépinières et à produire elle-même les sujets dont elle a besoin.

Lorsqu'au contraire le personnel et le terrain lui manquent, il lui est préférable et plus économique de s'adresser aux pépiniéristes du pays, et d'adjuger, selon les formes ordinaires, les travaux de plantation ou de simple fourniture d'arbres.

Avant d'aller plus loin, il paraît nécessaire d'exposer sommairement les principaux phénomènes de la végétation, pour bien faire comprendre le but des diverses opérations qu'exigent les plantations d'alignement.

# CHAPITRE II.

## PRINCIPES GÉNÉRAUX DE LA VÉGÉTATION.

Les plantes de l'espèce de celles que nous avons à considérer se composent de racines, d'une tige, de branches, de feuilles, de fleurs, et plus tard de graines. Ce sont des êtres organisés, ayant une vie propre, qui jouissent de la faculté de se développer, de se nourrir, de se reproduire, et dont la durée est limitée.

Elles respirent et transpirent, sinon comme les animaux, du moins d'une façon analogue; et, pour compléter l'analogie, des liquides particuliers circulent à travers leurs tissus, comme le sang circule dans les veines des animaux, et servent à leur conservation comme à leur développement. Ces tissus sont cellulaires ou fibreux. Les tissus cellulaires sont analogues à la moelle du sureau. Les tissus fibreux forment des cylindres creux, étroits, allongés, plus ou moins sinueux dans leur longueur et irréguliers dans leurs sections transversales. Les premiers occupent principalement le centre de la tige ainsi que des branches, et s'étendent en outre en lames minces dirigées suivant quelques rayons jusqu'à l'écorce. Les seconds constituent la partie ligneuse et solide du bois, et enveloppent les premiers, sauf à donner passage aux rayons médullaires. Cette structure se reproduit dans les écorces et dans les feuilles, à quelques différences près. *(Figures d, e, f, planche I.)*

### 4. — Développement des plantes.

Le premier des phénomènes qu'on observe dans les plantes est celui de la germination. Nous en dirons quelques mots :

Une graine renferme à l'état d'embryons les organes fondamentaux du végétal dont elle provient, savoir : *la racine, la tige et les feuilles.* Si l'on confie cette graine à la terre, elle ne tarde pas, au printemps surtout, à se développer sous l'influence de l'humidité, de la chaleur et des agents atmosphériques qu'elle y rencontre en certaines proportions. Quelle que soit la position de cette graine dans la terre, la petite racine ou radicelle suit une direction descendante, s'enfonce dans le sol, et sa surface se couvre de filaments au moyen desquels elle commence à pomper les sucs de la terre. La tige ou tigelle suit une direction ascendante et s'élève graduellement jusqu'à la surface du sol, qu'elle dépasse bientôt, portant à sa partie supérieure une sorte de tête renfermant deux feuilles ordinairement rondes et charnues appelées *cotylédons,* et destinées à subvenir à la nourriture de la plante dans les premiers moments de son existence et à tomber ensuite. *(Fig. a, b, c, planche I.)*

Ces deux feuilles provisoires s'écartent peu à peu, pour donner passage à d'autres feuilles, différentes des premières par leur forme et leur nature, et qui, d'abord repliées sur elles-mêmes, se déroulent et constituent les feuilles définitives de la plante.

La tige s'allonge graduellement. En certains points de sa surface apparaissent de petites excroissances ou *bourgeons* qui s'allongent à leur tour et se garnissent de nouvelles feuilles. Chaque bourgeon développé constitue une sorte de nouvelle tige qui se comportera comme la tige principale sur laquelle elle s'implante, et donnera naissance à de nouveaux bourgeons destinés par leur ensemble à former les branches et les rameaux de l'arbre. *(Fig. i, j, k, planche II.)*

La racine forme en quelque sorte le prolongement inférieur de la tige; mais elle en diffère essentiellement par son organisation, ses fonctions, son mode de croissance. Un peu au-dessus de la naissance des premières ramifications de la racine, on remarque dans la plante une diminution de diamètre assez sensible, un certain étranglement qu'on a appelé *collet*, et qu'on doit considérer comme le point séparatif de la tige et de la racine. *(Fig. b, planche I.)*

La tige renferme en son centre un petit canal rempli de moelle, qui se termine en pointe un peu au-dessus du collet, tandis que la racine ne renferme ni canal analogue, ni moelle.

La racine sert à fixer la plante dans le sol et à y puiser la plus grande partie des sucs qui subviennent à sa nourriture et à son accroissement. Elle a sans doute besoin de l'air ou des agents atmosphériques pour fonctionner et se développer; mais elle ne peut vivre que dans le sol, à l'abri de la lumière. Elle croît en grosseur par couches concentriques. Dans sa structure dominent les tissus cellulaires, et elle s'accroît en longueur par simple élongation, c'est-à-dire par l'extrémité seulement, les parties déjà formées ne prenant elles-mêmes aucun nouvel allongement. Elle se couvre enfin de chevelu plus ou moins épais et de ramifications plus ou moins nombreuses.

La tige est organisée de manière à vivre dans l'atmosphère et au contact de la lumière, sans laquelle elle s'étiole et dépérit. Elle croît en diamètre par couches concentriques, dont le nombre peut servir à déterminer son âge. *(Fig. g et h, planche II.)* Dans sa structure dominent les tissus fibreux, et elle s'accroît en longueur à la fois par son extrémité et par l'allongement de chacune des parties déjà formées. Nonobstant les différences essentielles qui résultent des propriétés que nous venons d'énumérer, les racines et la tige se transforment l'une dans l'autre suivant les circonstances. Si l'on enterre la tige sur une certaine hauteur, son organisation se dénature. L'extrémité inférieure de la moelle s'atrophie et disparaît, son canal s'oblitère, le collet remonte, et il se forme des radicelles là où n'existait auparavant que l'écorce. Cet effet se produit lorsqu'on couche en terre une partie de la tige d'une plante sarmenteuse telle que la vigne, ou celle d'un bois d'essence tendre tel que le saule ou le peuplier.

Si l'on met à découvert une partie des grosses racines d'un arbre, leur aspect change, elles deviennent ligneuses comme l'écorce, et il s'en échappe des bourgeons. Le collet s'abaisse, et en même temps se prolongent la moelle et le petit canal qui la renferme.

Nous avons dit que les bourgeons, par leurs développements multiples, formaient les branches et les rameaux de l'arbre. Il est bon de remarquer que chaque bourgeon naît sur la tige, au-dessus du point d'attache d'une feuille, qui est destinée à l'abriter dans les premiers temps de son apparition. A l'extrémité de la tige principale et de chacune des branches latérales qui s'y implantent, il se forme constamment un bourgeon appelé *terminal,* qui doit continuer l'axe de la branche ou de la tige au bout de laquelle il est né. *(Fig. i, j, k, planche II.)*

La tige, les bourgeons et les feuilles cessent de croître vers la fin de l'automne. Les feuilles tombent alors (*), et l'action vitale, suspendue pendant l'hiver, ne recommence à se faire sentir qu'au printemps sur les bourgeons terminaux de la tige principale et de ses branches, puis sur chacun des bourgeons latéraux qui se remarquent en différents points de leur surface.

### 5. — De la sève.

Lorsque la germination d'une plante est achevée, elle se trouve par ses racines en rapport avec la terre ; par sa tige, ses branches et ses feuilles, en rapport avec l'air atmosphérique.

---

(*) Les arbres résineux, appelés ordinairement *arbres verts,* conservent leurs feuilles pendant l'hiver, à l'exception du mélèse.

Les racines, par l'extrémité de leurs ramifications et de leurs filaments les plus ténus, pompent les liquides de la terre. Ces liquides constituent la *sève,* qui, une fois entrée dans la plante, en parcourt les tissus dans tous les sens, les imprègne complètement, arrive aux extrémités supérieures de la tige et des branches latérales, et pénètre dans les tissus spongieux de leurs feuilles.

La sève, d'abord d'une fluidité extrême, se modifie peu à peu dans son trajet, mais notamment à la surface des jeunes branches et des feuilles, où elle se trouve plus particulièrement en rapport avec l'air atmosphérique. Elle s'épaissit par le fait de l'évaporation et de l'absorption de certaines substances solides et gazeuses; et, ainsi perfectionnée, elle devient propre à nourrir les tissus de la plante, à les fortifier et à en accroître le nombre, le volume ou la solidité, en descendant des parties supérieures de cette plante, par les tissus fibreux de l'écorce, jusqu'aux extrémités des racines. On la nomme alors *sève descendante* ou *cambium. (Fig. e, f, g, h, l, planche I.)*

L'action vitale détermine ces mouvements de la sève, favorisés d'ailleurs par les forces naturelles connues sous les noms d'*endosmose* et de *capillarité,* et dont l'effet est puissamment accru par l'*évaporation* continue d'une partie des liquides qu'elle renferme et qui s'opère à la surface des feuilles ainsi que des parties vertes et tendres de l'écorce. Les feuilles des arbres, par leur nombre et l'étendue de leurs surfaces spongieuses, forment un appareil évaporatoire des plus puissants et des plus propres à activer l'ascension et l'élaboration de la sève.

Quelques mots sont nécessaires pour expliquer ce que sont l'*endosmose* et la *capillarité.*

Si l'on plonge dans un vase contenant de l'eau pure une petite vessie formée d'une membrane végétale ou animale, remplie d'eau gommée ou sucrée, et fixée à l'extrémité inférieure d'un tube vertical *(Fig. m, planche II),* l'eau du vase s'infiltre à travers la membrane et s'élève dans le tube; l'eau gommée à son tour passe dans le vase, et ce double mouvement se continue jusqu'à l'instant où les deux liquides ont acquis la même densité ; mais, l'eau pure filtrant avec plus de rapidité que l'autre, s'accumule dans la vessie, et il en résulte une différence de niveau entre les deux liquides. On a constaté qu'une solution aqueuse d'une partie de sucre pour deux parties d'eau fit en deux jours monter la colonne de 14 mètres environ dans le tube vertical, et que le liquide restant dans la vessie contenait encore trois parties d'eau pour une de sucre.

La cause qui opère cette ascension se nomme l'*endosmose*.

Si l'on plonge dans un vase contenant un liquide quelconque un tube de verre d'un diamètre très-petit, le liquide s'y élève à une certaine hauteur au-dessus du niveau auquel il se trouve dans le vase. De même encore, si l'on plonge dans ce liquide, par son extrémité inférieure, un morceau de sucre, une mèche de coton, une corde ou tout autre corps à texture fibreuse ou spongieuse, le liquide y monte rapidement et s'y élève au-dessus de son niveau dans le vase.

La cause qui opère cette nouvelle ascension se nomme *capillarité*.

Si maintenant la mèche de coton ou la corde dont il s'agit est soumise à une certaine température ou à un courant d'air un peu vif, l'eau absorbée par la mèche s'évaporera et y sera remplacée immédiatement. Son niveau dans le vase baissera donc proportionnellement à l'intensité de l'évaporation, et d'autant plus rapidement que la température sera plus élevée et le courant d'air plus actif.

Ces principes énoncés, le mouvement de la *sève ascendante* et tous les phénomènes qui en résultent deviennent faciles à expliquer.

Les cellules qui forment le tissu des racines sont remplies de sucs plus denses que l'eau dont la terre est imbibée, et cette eau doit, par l'effet de l'endosmose, s'infiltrer à travers leurs membranes, gonfler les cavités des cellules les plus extérieures, et passer de proche en proche dans les plus intérieures, pour arriver ainsi jusqu'à la base de la tige, à travers les fibres de laquelle le mouvement ascensionnel doit se continuer d'autant plus énergiquement que les canaux capillaires qu'elle y trouve sont eux-mêmes remplis de sève élaborée, plus dense et plus visqueuse que la *sève ascendante*, à l'égard de laquelle elle produit le phénomène d'endosmose.

La capillarité favorise encore le mouvement ascendant de la sève.

A une certaine hauteur, le végétal est muni d'un nombre plus ou moins grand de bourgeons. Dès qu'ils commencent à se développer sous l'action vitale qui se manifeste au printemps, ils tirent d'abord de la tige ou de la branche qui les porte les sucs destinés à les nourrir. Les feuilles se montrent en même temps, se développent à l'air, et deviennent le siége d'une évaporation considérable par leur surface, qui est criblée de pores. Tout ce qui s'évapore par les feuilles et en même temps par la jeune écorce des rameaux, tout ce qui est employé à former et à nourrir ces parties est autant de pris sur la masse du liquide de la tige, et il en résulte des vides qui sont aussitôt comblés par la sève ascendante.

Cette sève se trouve en contact avec l'air extérieur, dont sont remplis les pores de feuilles et des parties vertes ou tendres des jeunes écorces; elle absorbe les substances solides et gazeuses que lui fournit cet air (*), s'élabore et forme le *cambium* ou *sève*

(*) L'air atmosphérique se compose de 21 parties d'oxygène et de 79 d'azote. Il contient en outre une faible proportion d'acide carbonique, soit de trois à quatre millièmes de son volume. Cet acide carbonique est gazeux. Il résulte de la combinaison de 8 parties d'oxygène et de 3 parties de carbone (ou charbon très-pur). Les plantes respirent à peu près comme les animaux, et puisent en grande partie dans l'atmosphère, aussi bien que dans le sol, les substances nécessaires à leur croissance.

Les parties vertes des végétaux ont en effet la propriété de décomposer l'acide carbonique de l'air.

Pendant le jour, elles en absorbent le carbone ou partie solide, et dégagent ou rendent libre l'oxygène ou partie gazeuse combinée avec lui.

Pendant la nuit, elles rejettent une partie de l'acide carbonique et absorbent de l'oxygène, de telle sorte que, toute compensation faite, il y a absorption de carbone ou de partie solide et dégagement d'oxygène qui sert à la vie des animaux, et que ceux-ci transforment, par la respiration, en acide carbonique nécessaire au développement des végétaux.

Les mêmes faits se passent lorsqu'on soumet des plantes, enfermées sous une *descendante*, qui, partant des extrémités supérieures de la tige, des branches et des feuilles, pour redescendre jusqu'aux extrémités inférieures des racines, en suivant les fibres de l'écorce immédiatement en contact avec le jeune bois ou l'aubier, dépose sur son passage, dans les vides qu'elle rencontre, des amas de matières destinées à la nourriture et à la formation des tissus, des fleurs, des graines, des fruits et des racines.

---

# CHAPITRE III.

## PÉPINIÈRES.

### 6. — Choix et préparation du terrain.

Le terrain affecté à l'établissement d'une pépinière doit, autant que possible, être entouré d'un mur, d'une haie vive ou sèche ou d'un fossé; abrité des vents régnants et suffisamment profond pour que les racines s'y développent, mais sans l'être trop, car alors, ces racines s'enfonçant à une grande profondeur, l'opération de l'arrachage qui précède la transplantation deviendrait fort difficile. La profondeur convenable sera de 0^m50 au moins et de 0^m90 au plus.

cloche remplie d'air, à l'action successive de la lumière solaire et de l'obscurité.

Le carbone, sous l'influence de la lumière, sert à la coloration des feuilles, et leur donne de la consistance; il se combine avec la sève ascendante et contribue à former la partie solide des végétaux.

L'écorce de certains arbres, les fruits de l'amandier, le blé, etc., renferment de l'azote en proportion plus ou moins considérable et variable d'une plante à l'autre. Lorsque l'oxygène domine, les plantes deviennent acides. Lorsque le carbone se combine avec des quantités de plus en plus considérables d'hydrogène, la proportion d'oxygène restant la même, les bois renferment de plus en plus des parties ligneuses essentiellement propres au chauffage.

Ce peu de mots sur la présence des agents atmosphériques dans la composition des végétaux suffit pour expliquer leur utilité et leur rôle dans le phénomène de la végétation. On y trouve encore un certain nombre de substances minérales que la sève a puisées dans le sol et dissoutes.

Ce terrain, enfin, doit être de consistance moyenne et facile à travailler à la bêche. Les argiles siliceuses ou calcaires conviennent parfaitement pour cet objet. Lorsque l'argile domine, l'eau est trop fortement retenue, la culture devient trop coûteuse, et les racines ont peine à se développer. Il peut être avantageux de l'assainir par un drainage profond, exécuté au moyen de tuyaux ou de pierres cassées. Quand le sable est en excès, la terre se dessèche trop rapidement, et la végétation y est tardive et languissante. Il faut donc, entre ces deux éléments, une juste proportion qu'on rencontre assez facilement dans chaque pays.

Lorsqu'on veut créer une pépinière, une condition importante, quoique souvent difficile à remplir, mais qu'il convient au moins de prendre en considération, pour y satisfaire autant que le permettent les circonstances, c'est que la nature et la qualité du terrain choisi pour l'établir se rapprochent, autant que possible, de celle du terrain que l'on se propose de planter, afin que la transplantation des jeunes arbres qui en proviendront s'opère avec moins de souffrance pour eux et avec plus de chances de reprise.

La préparation du terrain de la pépinière consiste dans un défoncement pratiqué à la bêche, sur 0<sup>m</sup>60 de profondeur, d'après les méthodes ordinaires et par un beau temps. On y introduit ensuite les engrais solides et les amendements dans la proportion qu'on juge convenable.

Cela fait, la pépinière peut être garnie soit à l'aide de semis, soit à l'aide de jeunes plants achetés dans des pépinières déjà formées, ce qui paraît plus expéditif et plus économique pour l'Administration, soit à l'aide de boutures pour les essences tendres.

Le terrain de la pépinière doit être divisé généralement en deux parties distinctes : l'une réservée aux boutures et repiquages, l'autre aux transplantations.

La première occupera environ le quart, et la seconde les trois quarts de la surface totale, en raison de l'écartement différent que reçoivent les jeunes plants dans l'une et dans l'autre. *(Fig. 1, planche II.)*

Les boutures et les jeunes plants à repiquer sont disposés à 0m25 de distance les uns des autres et par lignes parallèles espacées entre elles de 0m35, pour en faciliter la culture. *(Fig. 2, planche II.)* On fait subir à ces plants, avant leur mise en terre, la préparation de *l'habillage*, qui consiste *(fig. 3, planche II)* à couper la pointe *a du pivot* ou partie terminale de la racine principale, à raviver l'extrémité des brins du chevelu, c'est-à-dire des petites racines latérales, en ayant soin de couper seulement les parties meurtries ou déchirées, et à retrancher une longueur proportionnelle de la tige en *b*, afin qu'il y ait toujours un rapport convenable entre ces racines et les branches conservées, ou, en d'autres termes, entre la quantité de sève que peuvent fournir les racines, et la quantité de sève qui doit alimenter les bourgeons et les feuilles pour assurer leur développement normal.

La racine terminale acquiert souvent des dimensions considérables dans les jeunes plants; et, si on ne l'arrêtait pas à temps en lui retranchant son pivot, la transplantation deviendrait plus tard très-difficile.

Il ne faut pas oublier que toutes ces opérations s'exécutent à l'aide d'une serpette bien aiguisée, de manière à obtenir des sections franches. Les sections pratiquées dans les racines ont pour but de favoriser l'ascension de la sève, en ménageant l'ouverture des canaux capillaires qui doivent lui donner passage dans la tige, de prévenir le desséchement et la mort de la plante sur une certaine hauteur, comme cela arriverait si l'on cassait cette tige ou si la section était contuse.

Les jeunes sujets ainsi repiqués passent deux années en pépinière, après quoi on les arrache avec soin, comme il sera expliqué plus loin, pour les replanter dans cette même pépinière, où on les dispose en quinconce à 0m60 de distance les uns des autres.

La transplantation en pépinière a pour but de faciliter le développement des racines voisines du collet; car le chevelu, désormais mieux placé et moins gêné par celui des plants voisins,

2

trouvera plus d'espace libre pour se former et s'étendre. *(Fig. 2 bis, planche II.)*

## 8. — Des Boutures.

Toutes les espèces d'arbres se multiplient par semis; c'est même le seul moyen d'obtenir des variétés et des sujets plus vigoureux; mais quelques-unes peuvent également se multiplier par boutures, ainsi que nous l'avons indiqué dans le tableau n° 1, page 3.

Ce sont en général les essences tendres, et notamment les saules, les peupliers et les aulnes; mais, parmi les essences dures, il faut aussi compter l'orme et le platane comme pouvant se multiplier de la même manière, quoiqu'avec moins de succès et plus de lenteur.

On distingue deux sortes de boutures : la bouture à talon et la bouture simple. Pour avoir une bouture à talon, on prend une branche âgée de deux ans, de l'espèce qu'on veut reproduire, et présentant des ramifications de 1 à 2 centimètres de diamètre; on arrache chacune de ces productions secondaires en la détachant avec le talon qui la fixait à la même branche-mère. *(Fig. 3 bis, planche II.)* On obtient ainsi un rameau *r m*, qu'on coupe au sommet et dont on affranchit à la serpette la plaie inférieure *r*. Comme chaque branche secondaire ne peut fournir qu'une bouture à talon, ce procédé de multiplication serait fort long, et l'on a dû songer à lui en substituer un beaucoup plus expéditif et plus avantageux.

Ce moyen consiste à employer simultanément les boutures simples et les boutures à talon. On coupe sur un arbre une certaine quantité de branches de deux ans. On détache par arrachement les productions secondaires que portent ces branches, et l'on coupe ces productions par parties de 0m40 de longueur environ, de manière à obtenir pour chacune d'elles une bouture à talon et plusieures boutures simples. Au bout de deux ans, le même arbre fournit de nouvelles branches fortes et de nouvelles ramifications qui donnent une seconde production de boutures. Ces boutures sont préparées pendant l'hiver, avant les grands froids ou au mois de février. On les enterre jusqu'au printemps

pour les préserver des gelées, et vers le milieu de mars on les
plante dans la pépinière à la distance de 0m25 les unes des autres,
et par lignes parallèles espacées de 0m35 pour en faciliter la culture.
Cette plantation de boutures est faite à l'aide d'un plantoir à la
profondeur de 0m30 à 0m35, et non pas simplement en enfonçant
le rameau dans le sol, sans y avoir, au préalable, pratiqué un
trou suffisamment profond : car on risquerait, en opérant ainsi,
de déchirer les arêtes des boutures, ce qui rendrait leur reprise
plus difficile et moins assurée.

Après qu'on a introduit la bouture dans le trou, la terre est
serrée contre elle à l'aide du plantoir. L'endroit choisi pour les
plantations de cette espèce doit présenter suffisamment de fraî-
cheur, sans être trop humide. Il est essentiel que les sections de la
bouture soient bien nettes, afin que la sève, attirée par le *cambium*
à l'état gélatineux que renferme cette bouture, puisse facilement
trouver passage par l'ouverture convenablement ménagée de ses
canaux capillaires, s'élever jusqu'aux bourgeons conservés, les
nourrir, et servir au développement des feuilles. Le mouvement
continu de la sève s'établit alors régulièrement, et détermine la
formation et le développement des racines de la nouvelle plante.
On peut accélérer la formation de ces racines au moyen d'une
ligature, au-dessus de laquelle la sève descendante forme un
bourrelet d'où elles ne tardent pas à se dégager.

### 9. — Culture en pépinière.

Les opérations à exécuter pendant l'été qui suit la plantation de
la pépinière sont :

1° Le binage, après chaque ondée un peu forte, et le sarclage.
Quatre ou cinq binages annuels suffisent pour entretenir le
sol dans un état convenable d'humidité et d'ameublissement. Quand
le sol est très-léger, on étend à sa surface une couche de paille
ou de feuilles sèches qui s'oppose d'une façon efficace à l'excès de
sécheresse; et l'on supprime les binages ou l'on en réduit le
nombre.

2° Le labour de toute la superficie, qui doit être opéré avec une houe à deux dents à une profondeur de 0^m10. Ce labour a pour but d'introduire dans la terre une certaine quantité d'air, et de faciliter l'insolation. Il faut avoir soin, dans ces deux opérations, de ne point atteindre ni déchirer les jeunes racines.

Deux ans après la reprise des sujets, les racines sont suffisamment développées. On procède alors à la *déplantation*, qui consiste à arracher les jeunes plants et à les transplanter dans une autre partie de la pépinière, où on les dispose en quinconce, à la distance de 0^m60 les uns des autres. Elle s'exécute en automne.

Avant d'exécuter cette transplantation, on procède comme d'ordinaire à l'opération de l'habillage, qui se réduit, au cas particulier, à un simple retranchement du tiers de la longueur des branches latérales que porte la tige, et à l'affranchissement de l'extrémité meurtrie des radicelles. (Le chevelu est toujours mieux distribué et mieux développé sur les sujets venus de bouture que sur les sujets venus de semis.) Quant au pivot, il n'en existe pas, puisqu'on l'a coupé au moment du repiquage, et par conséquent il n'y a point lieu de le rescinder.

Le moment est alors venu de diriger la formation de la charpente des jeunes arbres. Le résultat que l'on veut atteindre est d'obtenir des tiges aussi droites que possible ; et pour y parvenir, il faut recéper chaque tige à quelques centimètres au-dessus du sol, de manière à n'y conserver que deux ou trois boutons, soit au mois de février qui vient après la transplantation, soit au mois de février de l'année suivante, selon que les sujets seront plus ou moins bien repris, plus ou moins vigoureux.

Pendant l'été qui suit cette nouvelle opération, on voit se développer, au pied de cette tige et un peu au-dessous de la section faite, de vigoureux bourgeons, parmi lesquels on choisit, pour le conserver, le plus fort de ceux qui sont placés du côté du vent dominant ; et on l'attache par un lien de saule au tronçon de la tige même. *(Fig. 4, 4 bis, planche III.)* Ce bourgeon se développe alors avec une vigueur extrême, suivant une verticale parfaite, et il atteint souvent dans l'année même la hauteur de la tige qu'on a supprimée. Cette opération, connue sous le nom de *recépage,* ne s'applique pas à toutes les espèces. Le tableau n° 1 indique les distinctions à faire.

Par le recépage on atteint donc deux buts : 1° une tige parfai-tement droite ; 2° un chevelu plus abondant des racines près du collet. C'est pour ce second motif, dont l'explication découle des principes connus de la végétation, que beaucoup de pépiniéristes pratiquent le recépage même sur des sujets dont la tige ne présente aucun défaut.

Sur les sujets venus de bouture, le recépage est généralement inutile ; car par ce mode de reproduction on a toujours, vers l'extré-mité supérieure du rameau, un bouton qui se développe en bourgeon et qu'on dirige sans difficulté suivant la verticale, au moyen d'une ligature, comme dans le cas du recépage. *(Fig. 4 bis, planche III.)* On ne conserve alors que ce seul bourgeon terminal, tandis que les autres sont coupés au ras de la tige-mère. *(Fig. 4.)*

Lorsque, par ces soins préalables, la tige de l'arbre est nettement indiquée, il faut bien se garder de la priver entièrement de tous les bourgeons latéraux qui tendent à s'y développer. Ce que l'on veut obtenir, c'est non-seulement une tige droite et longue, mais encore une tige droite et forte ; or son diamètre ne peut s'accroître qu'au moyen du *cambium* ou de la *sève descendante,* dont l'abondance est d'autant plus considérable que le sujet en élabore davantage, c'est-à-dire qu'il porte plus de feuilles et par conséquent plus de branches secondaires. On se contentera donc simplement de diriger ces branches secondaires sans les arrêter complètement. Supposons, par exemple, que les deux branches A et B *(Fig. 6, planche III)* tendent à dépasser le bourgeon central C ; il conviendra d'arrêter pendant l'été leur développement. On y parviendra facile-ment en pinçant leur extrémité entre le pouce et l'index (*), de ma-

(*) On peut, pour plus de simplicité, se borner à casser l'extrémité des jeunes pousses entre le pouce et le tranchant de la serpette. Ce procédé, qu'emploient les pépiniéristes, est plus expéditif et tout aussi efficace que le pincement.

nière à en détacher le petit bouquet de feuilles qui couronne la partie extrême des jeunes pousses. La sève n'étant plus attirée vers ces points, les rameaux A et B perdent bientôt de leur vigueur au profit du bourgeon C qu'on veut favoriser, et vers lequel afflue cette sève avec plus d'abondance.

Si, malgré l'opération du pincement, les branches A et B ont pris pendant l'été trop de développement, on ne les supprime pas pendant l'hiver suivant : car la plaie serait trop grande et l'arbre pourrait en souffrir. On se contente ou de les tordre comme l'indique la figure 7, planche III, ou de les casser, aux deux tiers de leur longueur. L'été suivant, la végétation est très-faible dans ces rameaux, surtout si on les prive d'une partie de leurs bourgeons ; leur diamètre augmente peu, tandis que celui de la tige centrale s'accroît dans des proportions notables, et l'on peut, au mois de février qui succède à cette période de la végétation, supprimer sans crainte les rameaux A et B, dont le diamètre est resté faible par rapport à celui du rameau terminal C.

Les soins à donner aux rameaux latéraux sont, d'après ce qui précède, fort simples, et se résument ainsi qu'il suit :

1° Pincement de l'extrémité pendant l'été ;

2° Torsion pendant l'hiver des branches d'un gros diamètre, et, au besoin, retranchement d'une partie de leur longueur et d'une partie de leurs boutons ;

3° Suppression des branches dont le diamètre relatif est petit par rapport à celui de la tige, et dont on craint, au printemps suivant, le développement trop rapide ; cette suppression doit se faire au moment de la taille d'hiver, c'est-à-dire du 15 février au 15 mars.

Lorsque la tige est formée, il faut prévoir deux ans à l'avance si l'on aura besoin des jeunes arbres pour effectuer une plantation définitive, afin d'achever leur préparation en pépinière. Dans cette hypothèse, on supprimera tous les rameaux latéraux sur les deux tiers ou sur les trois quarts de la hauteur totale des sujets, afin que les plaies qui en résulteront aient le temps de se cicatriser complètement pour l'époque de la transplantation; et chaque arbre, n'ayant à subir à ce moment aucune déperdition notable de sève, se trouvera dans des conditions parfaites de reprise. *(Fig. 7', planche III.)*

### 10. — De la greffe en écusson.

Les semis offrent tous un certain inconvénient, celui de la diversité des produits qu'on en obtient. Lorsqu'on fait un semis d'ormes, par exemple, les sujets qui en résultent présentent souvent des variétés qui diffèrent sensiblement les unes des autres. On s'expose par là, en plantant les jeunes arbres en avenue, à avoir des irrégularités choquantes. Pour éviter cet inconvénient, M. Simon, pépiniériste des environs de Paris, emploie la greffe en écusson et opère comme il suit :

Au printemps qui précède le recépage, il place à la base du sujet une greffe en écusson; il recèpe la tige avant l'hiver au-dessus de cet écusson, et au printemps suivant, il ne conserve, parmi tous les bourgeons qui paraissent que celui qui résulte de l'écusson même. C'est ainsi qu'il est parvenu à développer avec succès l'espèce d'orme connu sous le nom d'*orme tortillard,* qui donne un bois extrêmement nerveux, très-employé dans le charronnage, et en même temps une tige parfaitement droite, garnie d'un feuillage agréable.

Le mode de greffe par écusson est très-simple à pratiquer et n'exige que peu de temps. On enlève, vers la fin de mai, un œil sur la plante que l'on veut reproduire ; on détache avec l'œil une portion d'écorce en forme d'écusson *(Fig. 8, planche III)* ; on racle en dessous toute la partie ligneuse, excepté celle qui se trouve au point d'attache même de l'œil. On pratique dans l'arbre à greffer deux incisions perpendiculaires en forme de T *(Fig. 9, planche III),* et l'on y introduit l'écusson en soulevant légèrement d'un côté l'écorce du sujet, et faisant en sorte que de l'autre il y ait simplement contact entre la section *oblique* de l'écorce de l'arbre et celle de l'écusson. On ligature avec des matières textiles, du chanvre, par exemple, et l'on couvre le tout de matière à greffer. L'opération faite ainsi conduit à un résultat certain ; mais un soin à avoir, c'est de retarder la végétation de l'écusson de façon que celle de l'arbre sur lequel on greffe soit plus avancée que la sienne, afin que la sève y afflue et facilite la soudure.

### 11. — Age des arbres à tirer des pépinières. — Alternances des espèces en pépinière.

D'après l'exposition qui précède, on voit qu'un arbre doit rester en pépinière de sept à huit ans pour les essences dures, et seulement de cinq à six ans pour les essences tendres, savoir :

#### *Essences dures.*

Repiquage des sujets venus de semis, ou plantation des boutures dans la pépinière, soit.............................. 2 ans.
Arrachage et transplantation en quinconce ......... 2 ans.
Recépage et formation de la tige définitive......... 2 ans.
Elagage des productions latérales jusqu'aux 2/3 de la hauteur des sujets, cicatrisation des plaies.......... 2 ans.

Total............ 8 ans.

#### *Essences tendres.*

Boutures, plantation.......................... 2 ans.
Transplantation en quinconce................... 1 an.
Recépage et formation de la tige................. 2 ans.
Elagage des productions latérales............... 1 an.

Total............ 6 ans.

Or, l'impatience d'avoir plus tôt les sujets dont on a besoin fait malheureusement qu'on précipite les opérations, et qu'on ne donne pas aux sujets le temps de prendre la force et l'accroissement désirables. On plante souvent les essences dures au bout de cinq ans, et les essences tendres au bout de trois, ce qui est fort regrettable. Nous verrons plus loin quels inconvénients peuvent résulter d'une plantation d'arbres trop jeunes.

Quant à la question d'alternance des essences d'arbres sur le même point de la pépinière, elle est la même qu'en agriculture. Il faut donc éviter de placer deux fois les mêmes espèces dans un même terrain, attendu qu'il se trouve épuisé par la production de la première série de sujets. Aux essences de bois durs, il faut par conséquent faire succéder les essences de bois tendres, ou mieux laisser reposer le sol, en ne lui demandant pendant quelques années que des légumes ou des plantes d'agrément, même après l'avoir fumé et amendé convenablement : car il est bon de lui restituer par des engrais appropriés les principes fécondants qui lui ont été enlevés.

---

# CHAPITRE IV.

## EXÉCUTION DES PLANTATIONS LE LONG DES ROUTES.

---

### 12. — Choix des essences.

La première question à résoudre consiste dans le choix des espèces qu'il convient d'adopter, d'après la nature du terrain que les arbres doivent occuper. Le tableau n° 2 ci-dessous donne des explications à ce sujet.

## Tableau n° 2.

### Espèces appropriées à la nature du sol.

| SOLS ARGILEUX, compacts ou glaiseux. | SOLS de consistance moyenne argilo-calcaires, argilo-glaiseux. | SOLS LÉGERS, humides, sablo-calcaires, sablo-argileux, sableux, graveleux. | SOLS LÉGERS, sablo-calcaires, sablo-argileux. | SOLS LÉGERS, secs, sableux-graveleux. | SOLS LÉGERS, secs, calcaires, argilo-calcaires. | Tourbeux, Humides. |
|---|---|---|---|---|---|---|
| » | Charme commun. | Aulne commun. | » | » | » | Aulne commun. |
| » | Chêne rouvre. | Charme commun. | » | » | » | » |
| » | Chêne pédonculé. | | | | | » |
| » | Erable à sucre. | Erable à sucre. | Erable-sycomore | » | » | » |
| Hêtre des bois. | Erable-sycomore | Erable-sycomore | Erable-plane. | » | Erable-sycomore | Frêne élevé. |
| » | Erable-plane. | Erable-plane. | » | » | Erable-plane. | » |
| | Frêne élevé. | Frêne élevé. | | | » | » |
| | Hêtre des bois. | | | | » | » |
| Noyer noir. | Marronnier d'Inde. | Marronnier d'Inde. | Marronnier d'Inde. | | » | |
| Orme champêtre. | Noyer noir. | Noyer noir. | Orme champêtre. | | » | |
| Orme tortillard. | Orme champêtre. | Orme champêtre. | Orme tortillard. | | | |
| Orme pédonculé. | Orme tortillard. | Orme tortillard. | Orme pédonculé. | | | |
| » | Orme pédonculé. | Orme pédonculé. | Peuplier blanc. | | | Peuplier blanc. |
| » | Peuplier blanc. | Peuplier blanc. | Peuplier argenté. | Peuplier argenté. | | Peuplier argenté. |
| » | Peuplier argenté. | Peuplier argenté. | Peuplier d'Italie. | Peuplier d'Italie. | | Peuplier d'Italie. |
| » | Peuplier d'Italie. | Peuplier d'Italie. | — du Canada. | | | — du Canada. |
| » | — du Canada. | — du Canada. | — de Virginie. | | | » |
| » | — de Virginie. | — de Virginie. | Platane d'Occid. | | | Platane d'Occid. |
| » | Platane d'Occid. | Platane d'Occid. | Robinier (faux acacia). | Robinier (faux acacia) | | |
| » | Robinier (faux acacia). | Robinier (faux acacia). | Tilleul argenté. | | | |
| » | Tilleul de Hollande. | Tilleul de Hollande. | Tilleul argenté. | | | |
| » | Tilleul argenté. | Tilleul argenté. | Vernis du Japon. | Vernis du Japon. | Vernis du Japon. | |
| » | Vernis du Japon. | Vernis du Japon. | | | | |

Les arbres qui doivent être recommandés sont : 1° pour les essences dures et à croissance lente, l'orme, le frêne, le hêtre, le chêne et le châtaignier ; 2° pour les essences tendres et hâtives, les diverses espèces de peupliers, le platane, l'érable-sycomore et l'acacia (').

*Orme.* L'orme réussit dans la plupart des terrains, surtout quand le climat est tempéré, et son bois est excellent. C'est parmi les essences dures celle qui est le plus généralement adoptée sur les routes, et elle devra continuer à l'être. Les variétés à petites feuilles sont généralement préférées comme donnant des produits de meilleure qualité.

*Frêne.* Le frêne a, comme l'orme, un feuillage léger qui donne peu de couvert ; son bois est presque aussi recherché que celui de l'orme. Il croît moins lentement et acquiert d'aussi grandes dimensions. Il se plaît particulièrement dans les terrains frais.

*Hêtre.* Le hêtre ne convient pas à tous les pays ; mais dans les régions un peu froides, et surtout dans les montagnes, il mérite d'être plus souvent employé sur les routes qu'il ne l'a été jusqu'à présent. Il vient bien dans les terrains pierreux et secs.

*Chêne.* Le chêne, dont les produits se font trop longtemps attendre, et que l'on trouve rarement d'ailleurs dans les pépinières, est cependant une essence trop précieuse pour être exclue des routes impériales. On le plante assez fréquemment sur les grandes routes de Belgique et du nord de l'Allemagne, et il ne réussirait pas moins bien, avec des soins convenables, dans les départements de France où le climat est analogue.

*Châtaignier.* Le châtaignier a l'inconvénient d'être un arbre fruitier, ce qui lui donne, pour les grandes routes, un désavantage marqué sur les arbres précédents ; mais l'excellence de son bois, si recherché autrefois pour les constructions, ne permet pas de le rejeter.

*Peupliers.* Quant aux essences tendres et hâtives, les peupliers de toute espèce occupent le premier rang au moins par la rapidité de leur croissance, car ils peuvent être abattus au bout de vingt-

---

(') Le reste de l'article est extrait de l'instruction ministérielle du 17 juin 1851.

cinq à trente ans. Ces arbres, de nature variée, sont d'un produit avantageux et viennent presque partout, notamment dans les lieux humides et dans les sols un peu argileux, où l'on peut les employer seuls ou les faire alterner avec les frênes.

Le peuplier d'Italie prospère même dans les terrains sablonneux, comme le prouve l'expérience faite sur une grande échelle dans le département des Landes. Sa taille élancée permet de diminuer l'espacement des sujets. Par ce dernier motif, il convient mieux que tout autre arbre pour les plantations un peu serrées qu'il y a lieu de faire quelquefois, dans l'intérêt de la sûreté publique, au bord des cours d'eau, sur l'arête des grands talus de remblai, etc.

Parmi les autres espèces de peuplier, l'ypréau ou blanc de Hollande est celle qui présente le plus d'avantages. Les peupliers de la Caroline et du Canada ont des qualités analogues, mais y joignent l'inconvénient de joncher la terre de feuilles à parenchyme épais et persistant.

*Platane.* Le platane salit les routes encore davantage par les rejets successifs de son écorce, de ses fruits et de ses feuilles; mais cette essence se développe rapidement, est d'un beau port, fournit un bois assez recherché pour le charronnage, et n'est attaquée par aucun insecte. C'est un arbre qui prospère surtout dans les départements voisins de la Méditerranée, où il vient bien dans tous les terrains, pourvu qu'ils ne soient pas trop secs. Les ingénieurs de ces départements doivent se défendre toutefois de la tendance qu'ils ont à proposer exclusivement le platane et à négliger des essences plus précieuses.

*Sycomore.* L'érable-sycomore et l'érable-plane sont encore de beaux arbres, peu difficiles sur le terrain, et dont le bois n'est guère inférieur à celui du platane. .

*Acacia.* L'acacia ou robinier réussit dans les terrains les plus ingrats; c'est là son principal mérite. Il a le défaut d'être très-cassant. Dans les mauvais terrains exposés aux vents violents et dans les climats un peu froids, on pourra le remplacer par le bouleau.

### Arbres à exclure.

Plusieurs catégories d'arbres recommandables à certains égards doivent être presque toujours exclues des plantations à faire sur les grandes routes, savoir :

*Arbres à fruits.* 1° Les arbres à fruits, tels que les noyers et les merisiers, et à plus forte raison les pommiers. Ces arbres sont trop exposés à être mutilés par les passants, et la plupart projettent leurs branches trop horizontalement.

*Arbres résineux.* 2° Les arbres résineux, qui ne conviennent pas aux plantations des routes parce qu'ils s'élargissent trop à la base et couvrent le sol, et qui sont d'ailleurs arrêtés tout court dans leur croissance verticale dès qu'ils viennent à perdre leur flèche. Cependant, dans les montagnes, on pourra admettre le mélèze, qui s'étale moins que les autres, se transplante bien et donne un bois de bonne qualité.

*Tilleul, marronnier, etc.* 3° Enfin certains arbres de pur agrément et d'un mauvais produit, tels que le tilleul et le marronnier d'Inde, devront être repoussés par les ingénieurs. Ils ne doivent être admis qu'aux abords d'une ville.

### 13. — Distances à observer.

Les distances à observer entre les arbres, d'après leur nature et la forme de leur feuillage, sont indiquées dans le tableau n° 3 ci-dessous. Ces données sont de peu d'importance pour les routes, attendu que, d'après les prescriptions de l'Administration supérieure, on adopte en France une distance normale de 10 mètres d'un pied à l'autre ; mais elles servent pour les massifs, les promenades, les quinconces, les places publiques, etc. Sur les routes, les plantations doivent concorder avec le bornage hectométrique, et l'on peut en outre marquer la limite de chaque kilomètre ou de chaque hectomètre par un arbre d'une autre essence que le reste de la plantation (*).

(*) On doit avoir l'attention de placer les deux arbres voisins d'une borne hectométrique à 5 mètres de distance de chaque côté de cette borne, afin de la laisser toujours apparente pour les besoins du service.

Tableau n⁰ 3.

*Distances à réserver entre les arbres.*

| NOMS des ESPÈCES D'ARBRES. | Sur une ligne. | Sur deux lignes. | Sur trois lignes. | Sur quatre lign. et plus. |
|---|---|---|---|---|
| Orme................... Platane d'Occident...... Chêne................. Tilleul................ Frêne................ | 5ᵐ00 | 6ᵐ00 | 7ᵐ00 | 8ᵐ00 |
| Marronnier d'Inde....... Vernis du Japon......... Peuplier (moins celui d'Italie). Érable................. | 4ᵐ50 | 5ᵐ50 | 6ᵐ50 | 7ᵐ50 |
| Noyer noir............. Robinier (faux acacia)... | 3ᵐ50 | 5ᵐ50 | 5ᵐ50 | 6ᵐ50 |
| Peuplier d'Italie......... | 2ᵐ50 | 3ᵐ50 | 4ᵐ50 | 5ᵐ50 |

## 14. — Préparation du sol. — Ouverture des fossés.

Avant de confier à la terre les racines du jeune plant qu'on vient d'enlever de la pépinière, il est important d'ameublir le sol autant que possible, afin d'en faciliter la reprise. On obtient cet ameublissement au moyen de trous pratiqués pour chaque arbre, ou de tranchées continues pour chaque ligne.

Les trous doivent être circulaires ; ils sont ainsi plus en rapport avec la forme des racines et d'une exécution plus économique, puisque le cube des terres à enlever est moins considérable d'un cinquième environ que si on les faisait carrés. Leurs dimensions varient avec la nature du terrain. Dans les sols froids et humides, on leur donne 2 mètres de diamètre, 0ᵐ80 de profondeur ; dans les sols de qualité médiocre, on se contente de 1 mètre à 1ᵐ50 de diamètre, sur 0ᵐ50 à 0ᵐ60 de profondeur. Quelquefois on plante les arbres presqu'à la surface du terrain, pour les soustraire aux inondations, comme il sera dit plus loin.

Les trous doivent être ouverts un ou deux mois avant l'époque de la plantation, afin que l'insolation soit plus complète sur la terre remuée, et que cette terre ait le temps de s'ameublir. Voici comment cette opération doit être faite : on enlève d'abord la couche superficielle du terrain *(Fig. 10, planche IV)*, et on la dépose à côté du trou ; c'est la couche la plus fertile. La couche supérieure n° 2 du sous-sol est aussi mise à part ; enfin un troisième tas est formé par la couche n° 3 du fond. Si les terres sont trop grasses et trop argileuses, on les amende au moyen de terres calcaires ou sablonneuses ; si elles sont maigres ou sableuses, on les amende à l'aide de terres argileuses. On ajoute enfin des engrais en proportion convenable, pour assurer le succès de la plantation.

Quand les arbres sont assez rapprochés pour que l'ameublissement du sol par tranchées continues ne soit pas plus coûteux que par trous isolés successifs, il vaut mieux employer les tranchées, qui permettent un mélange plus complet des terres et facilitent le développement des racines. On opère alors comme il suit : on place sur l'emplacement de la tranchée à ouvrir *(Fig. 11, planche IV)* une couche uniforme de terre végétale ou d'engrais de 0$^m$10 de hauteur ; l'on ouvre d'abord la tranchée en un point, sur 2 mètres de longueur, et l'on en transporte les terres en D. On continue ensuite cette tranchée à la bêche, et de proche en proche, de façon à jeter en M le prisme qu'on enlève en N ; et, arrivé au bout, on comble le vide au moyen de la terre mise en dépôt en D ; le prisme K' de la terre du fond, qui n'est point encore propre à la végétation, se trouve ainsi remplacé par le prisme K de nature meilleure, et l'on obtient finalement par ce procédé un mélange aussi complet que possible, sans qu'il ait été nécessaire d'exécuter aucun transport considérable des terres ameublies.

### 15. — Disposition des arbres en plan.

S'il s'agit de deux lignes d'arbres parallèles, comme sur les routes, on peut, ou mettre les arbres en face les uns des autres, ou bien faire qu'un arbre d'une ligne corresponde au milieu de l'intervalle de deux arbres de la ligne opposée. La première disposition *(Fig. 12, planche IV)* doit être nécessairement adoptée aux abords d'une ville, car l'œil en est plus satisfait que de la seconde *(Fig. 13, planche IV)*, qu'on ne peut employer qu'en rase campagne. Il faut en outre éviter de planter les arbres sur l'arête des accotements ou trop près de cette arête : car ainsi placés ils auraient une assiette peu solide, et risqueraient d'être facilement ébranlés par le vent. Un espace de 0m50 doit être considéré comme un minimum à admettre. En principe, il faut que la route soit assez large pour qu'entre les deux lignes d'arbres il reste une largeur de 8 mètres au moins pour les besoins de la circulation.

S'il s'agit de planter un massif, on peut adopter la disposition en carré ou en quinconce. La plantation en carré *(Fig. 14, planche IV)* est caractérisée par ce fait que chaque arbre se trouve au sommet d'un triangle rectangle isocèle ; dans la plantation en quinconce *(Fig. 15, planche IV)*, chaque arbre occupe le sommet d'un triangle équilatéral. Il est facile de voir que cette deuxième disposition permet de placer dans le même carré plus d'arbres que la première, tout en conservant la même distance entre les pieds. Le rapport est de 315/283 ; c'est-à-dire que si une surface de terrain plantée en carré porte 283 pieds d'arbres, la même surface plantée en quinconce en portera 315, soit un neuvième en plus. De là l'avantage de la plantation en quinconce, qui laisse le vide minimum entre les circonférences des têtes des arbres, et donne par conséquent le maximum d'ombrage.

### 16. — Espacement des arbres.

Le tableau n° 3, page 30, indique le minimum d'espacement à adopter entre deux arbres successifs d'une plantation. Si l'on plante plus près, le bois, moins aéré, devient moins gros et d'une qualité inférieure. On finit en somme par obtenir le même cube ; mais la valeur de ce cube, dans le cas d'une plantation serrée, est bien moindre que dans le cas d'une plantation où les distances prescrites ont été observées.

Dans la Moselle, au lieu de planter les frênes à 10 mètres les uns des autres, on les plante à 20 mètres, et l'on place un peuplier dans l'intervalle. Ces arbres d'espèces différentes sont suffisamment distants pour ne pas se nuire mutuellement. Quand au bout de trente ans on exploite les peupliers, les frênes sont très-vigoureux, et l'on est assuré d'avoir longtemps encore de l'ombrage sur la route. Cette alternance de bois durs et de bois tendres est donc une bonne solution lorsqu'on veut obtenir de suite un résultat ; mais, pour arriver à un succès certain, il faut ne planter les arbres qu'à la distance de 10 mètres. Si dans la Moselle on eût mit les frênes à 10 mètres d'intervalle et au milieu des peupliers, le résultat eût été certainement moins satisfaisant, peut-être même nul.

### 17. — Choix des sujets en pépinière.

On peut dire qu'un arbre est susceptible d'être transplanté à tout âge. L'opération demande, toutefois, d'autant plus de travail et de soins que l'arbre est plus vieux; toute la question, pour le succès de la reprise, étant de ne pas enlever à l'arbre trop de racines et de proportionner convenablement l'étendue des rameaux à laisser à cet arbre aux racines qu'on a pu lui conserver après l'arrachage. On devra donc, dans la pépinière, choisir pour la plantation défi-nitive les sujets qui seront suffisamment forts et rustiques pour résister aux fâcheuses conditions dans lesquelles la transplantation les place tout d'abord, sans cependant qu'ils soient assez gros pour faire craindre une mutilation trop complète de leurs racines lors de l'arrachage.

Le tableau n° 4 donne les dimensions que doivent avoir, dans la pépinière, les arbres bons à transplanter.

## Tableau n° 4.

### *Dimensions des arbres à planter.*

| ESPÈCES. | HAUTEUR TOTALE de la tige. | CIRCONFÉRENCE DE LA TIGE mesurée à 1<sup>m</sup> du collet de la racine. |
|---|---|---|
| Chêne..................... | 2<sup>m</sup> | 0<sup>m</sup>14 |
| Hêtre des bois.............. | 3 | 0<sup>m</sup>14 |
| Erables et sycomores........... | | |
| Frênes................. | | |
| Noyer noir.................. | | |
| Orme................. | 4 | 0<sup>m</sup>16 |
| Platane d'Occident........... | | |
| Robinier (faux acacia)........ | | |
| Vernis du Japon.............. | | |
| Aulne commun.............. | | |
| Marronniers d'Inde...... ..... | | |
| Peupliers ................. | 5 | 0<sup>m</sup>18 |
| Tilleuls................. | | |

Une remarque importante à faire, c'est que les racines des essences à bois dur ont beaucoup moins de longueur, au même âge, que les racines des essences à bois tendre. On pourra donc, pour les premières, attendre plus longtemps que pour les dernières sans craindre de mutiler trop les racines.

### 18. — Epoque de la plantation.

Les plantations se font lorsque la végétation est suspendue, c'est-à-dire depuis la fin d'octobre jusqu'au milieu de mars, excepté pourtant pendant les jours où il gèle assez fortement pour que les racines aient à en souffrir. Si le terrain est très-humide, il vaut mieux ne planter qu'en mars : car les plaies des racines ne se cicatrisent pas dans l'eau; et, pendant l'hiver, la pourriture peut faire de grands ravages. Si au contraire le terrain est sec, il vaut mieux planter en automne ; car, la végétation n'étant pas encore complètement arrêtée, les radicelles, qui ne tardent pas à se développer près du collet, prennent possession du sol, et au printemps la reprise du sujet est à peu près certaine, si d'ailleurs il a été planté avec les précautions convenables.

## 19. — Déplantation ou arrachage en pépinière.

L'arrachage des arbres en pépinière demande les plus grands soins ; car c'est du bon état et de la quantité des racines conservées que dépend principalement la réussite d'une plantation.

On sait en effet que c'est par l'extrémité des parties les plus ténues et les plus déliées des racines que se fait l'absorption des sucs nourriciers du sol. Il convient donc que le chevelu soit abondant, non meurtri et non desséché. L'opération de l'arrachage doit donc être confiée à des ouvriers intelligents, consciencieux et pourvus d'outils bien tranchants. On doit l'exécuter par un temps doux et humide, et non point par un vent desséchant ni par la gelée.

Pour déplanter les arbres dans la pépinière, on ouvre sur l'un des côtés du carré *(Fig. 16, planche V)* une tranchée TT' ; on donne ensuite un trait de bêche suivant YY', à égale distance de deux lignes d'arbres consécutives, et enfin l'on détache chaque arbre par deux coups de bêche transversaux. On l'abat en le prenant en sous-œuvre, après quoi l'on met à nu avec beaucoup de précaution le collet et le chevelu des racines, qu'on doit éviter de fendre ou d'écorcher. Cette méthode est, de toutes, celle qui mutile le moins les racines ; mais elle n'est applicable que lorsque tout le carré doit être arraché. L'administration des ponts et chaussées, qui a des plantations considérables à faire à la fois, ne doit pas hésiter à l'adopter, sauf à replanter en pépinière les sujets qui, dans le massif général, ne présentent pas assez de force pour être mis définitivement en place.

Si par une cause quelconque on est obligé de déplanter en pépinière un arbre placé au milieu d'autres, il faut se garder de l'arracher comme font beaucoup de pépiniéristes, qui se contentent d'agir sur la tige ; on doit, au préalable, couper franchement toutes les racines par six coups de bêche profonds, qu'on donne au milieu de l'intervalle qui sépare l'arbre à déplanter de chacun de ses voisins *(Fig. 17, planche V)*; et, si la plantation en pépinière a été régulièrement exécutée, la tranchée ainsi faite aura 0m60 de diamètre. On mettra ensuite à nu avec beaucoup de précaution le collet et le chevelu des racines, que l'on conservera soigneusement et qu'on évitera de fendre, d'écorcher ou de meurtrir d'une manière quelconque. Les plants, après avoir été examinés et provisoirement admis, doivent être empaillés avec soin ; car il est essentiel de soustraire leurs racines à l'action desséchante de l'air, pendant la durée du transport qu'ils ont à subir. Il faut, dès leur arrivée à destination, ouvrir un fossé dans un bonne terre et y enterrer leurs racines, pour les conserver jusqu'à l'instant de la replantation. Inutile de dire que les plants étêtés doivent être absolument rejetés.

## 20. — Habillage des arbres.

Immédiatement après l'arrachage, et à l'instant même où l'on va procéder à la replantation, on pratique l'opération de l'habillage, qui a pour but, ainsi qu'on l'a déjà dit, d'affranchir nettement les plaies des racines et de rétablir l'équilibre entre le développement des branches ou rameaux et celui des racines qu'on aura pu conserver. Si l'arrachage a supprimé le tiers des racines, il faudra pareillement retrancher le tiers des branches latérales, mais conserver intacte la tige terminale. Cependant, lorsque le rétablissement de cet équilibre nécessaire entre les branches et les racines l'exige, il ne faut pas hésiter à tronquer cette tige, à étêter l'arbre. C'est ce qu'on doit faire toutes les fois que la tige de l'arbre est trop grêle ou trop mince par rapport à sa hauteur, ainsi que cela arrive infailliblement si les arbres ont été trop serrés en pépinière, c'est-à-dire si l'intervalle qui les y sépare est inférieur à 0<sup>m</sup>60 ; ou encore, si l'on a commis la faute de les débarrasser d'une trop grande partie de leurs branches latérales dans le but de les élancer plus vite. Si on ne les étêtait pas, dans ce cas, l'écorce se dessécherait peu à peu, et l'arbre ne tarderait pas à périr.

L'habillage des racines doit être exécuté de telle manière que la coupe des parties meurtries soit faite en biseau et repose à plat sur la terre après la plantation ; celui des branches, à deux centimètres au-dessus d'un bouton situé en dehors.

### 21. — Orientation.

On recommande de conserver aux arbres en les plantant l'orientation qu'ils ont en pépinière. Cette précaution n'a d'importance que pour les arbres de rive, qui sont exposés directement au soleil levant ou couchant ; mais, pour les arbres du milieu d'un massif, la question d'orientation devient insignifiante, puisque leurs tiges ne sont jamais exposées directement à l'action solaire, en raison même de leur rapprochement.

### 22. — Plantation proprement dite.

Nous avons dit qu'au moment de l'ouverture des trous, on devait avoir soin de séparer la terre en trois tas distincts. Des amendements et des engrais tels que curages de fossés, terreaux d'herbes sèches, terres végétales, etc. etc., sont en outre mélangés, s'il y a lieu, avec la terre de deuxième classe, pour assurer la reprise des jeunes arbres. On jette une portion de ce mélange au fond du trou *(Fig. 18, planche V)*; et, sur le tertre qu'on forme ainsi, l'on assoit et l'on arrange à la main les racines de l'arbre, de façon qu'elles ne soient ni trop près ni trop loin du sol. Dans les terrains très-secs, il faut placer le collet de l'arbre à 6 ou 8 centimètres au-dessous de la surface. Dans les terrains humides, un enfoncement de 2 à 3 centimètres suffit. On se rend compte de la justesse de cette pratique, qui ne fait d'ailleurs que reproduire les dispositions naturelles, en remarquant que les racines doivent toujours ressentir l'influence de l'air atmosphérique, sans être desséchées par les rayons directs du soleil. Dans les terrains secs, il faudra donc plus de distance entre les racines et la surface du sol que dans les terrains humides, où la chaleur pénètre toujours difficilement. Si l'on enfonçait trop profondément le collet, l'arbre souffrirait et languirait jusqu'au moment où il se serait formé un nouvel appareil de racines à la place que doit occuper ce collet par rapport à la surface du sol.

L'arbre étant appuyé sur le fond et soutenu bien verticalement par un ouvrier, un autre ouvrier couvre les racines de bonne terre émiettée ou réduite en poudre, et comble ensuite le trou tant avec ce qui reste du mélange qu'avec la terre de première classe, qui se trouve ainsi la plus voisine du collet et du chevelu qui l'environne; enfin, par dessus et sur les côtés, on met la terre de troisième classe, comme n'étant pas immédiatement appelée à concourir à la nourriture du jeune arbre.

Il est des terrains où l'on place le collet des racines des arbres un peu au-dessus de la surface du sol; ce sont ceux où l'on a à craindre des inondations périodiques. Voici comment se fait alors la plantation *(Fig. 21, 21 bis, 21 ter, planche VI)* :

Comme c'est généralement dans une prairie submersible que l'arbre peut se trouver en de telles conditions, on enlève les secteurs ou triangles de gazon A ; on détache ensuite les secteurs ou trapèzes B, et on les fait tourner autour des arêtes M pour les rejeter en arrière ; on creuse alors le trou à la façon ordinaire, mais seulement à 20 ou 30 centimètres de profondeur. On place l'arbre, et l'on remblaie de façon à former une portion de sphère à son pied. On rabat sur la sphère les secteurs B, et l'on place à la partie supérieure de la calotte les mottes de gazon A. La surface du dôme ainsi formée est convenablement protégée par le gazon, et l'arbre n'a rien à craindre d'une stagnation des eaux trop voisines de son collet. Ce mode de plantation est employé dans toutes les parties basses des prairies de la Normandie.

### 23. — Tuteurs et épinage.

Les jeunes arbres doivent être constamment défendus contre l'action du vent, la malveillance des passants, et le choc des voitures, principalement de celles qui sont attelées avec des bœufs. On y parvient en entourant leur tige d'un épais fascinage d'épines de 1m80 de hauteur, et en la soutenant ou par un tuteur un peu oblique *(Fig. 19)*, ou par deux ou trois tuteurs reliés au moyen des traverses horizontales leur servant de moises. *(Fig. 20.)* Le long des routes, il paraît préférable de placer le tuteur dans l'intérieur du faisceau d'épines, sous peine de le voir fréquemment dérobé pendant l'hiver. Les brins des fascines sont fortement serrés et reliés en quatre ou cinq points de leur hauteur par des liens en fil de fer. Enfin, l'on interpose, entre le tuteur et la tige, deux épais bouchons de paille serrés avec des liens de saule, afin de préserver l'écorce du frottement, et par suite de plaies assez dangereuses.

Le second mode *(Fig. 20)* est coûteux et ne peut être employé que sur un boulevard ou dans l'intérieur d'une ville ; mais il est plus efficace que le premier : car le vent, en agissant sur la partie feuillée, détermine dans la tige un ébranlement capable de rompre les petites racines du collet et d'arrêter la végétation.

Les deux tuteurs obliques s'opposent efficacement à cet ébranlement du pied ; aussi convient-il d'y avoir recours, sous peine d'avaries fréquentes, toutes les fois que les plantations sont exposées à des vents violents, ou établies dans l'intérieur des villes ou sur des promenades publiques. On préserve les plantations du choc des roues au moyen de buttes en gazon, ou mieux de butte-roues en pierres brutes placés en avant de chaque arbre.

### 24. — Soins à donner aux plantations pendant l'été.

Les plantations exigent des soins nombreux pendant l'été. Le meilleur moyen de préserver les jeunes arbres de la sécheresse de l'été, c'est l'arrosement ; mais il ne peut être employé que dans les villes ou à proximité des cours d'eau. A Marseille, les plantations de quelques promenades reçoivent des soins tout particuliers. L'on arrose chaque pied à la surface, et l'on rafraîchit en outre les racines à l'aide d'un courant d'eau distribué par des tuyaux de poterie qu'on place à $0^m40$ en contrebas du sol et parallèlement à la ligne des arbres qu'on veut soustraire à l'action de la sécheresse.

Le long des routes, le binage est le seul moyen qu'on puisse généralement employer.

Il convient d'en faire trois ou quatre dans l'année, en les distribuant du mois de mars au mois de septembre. On doit les exécuter lorsque la terre, après avoir été abondamment arrosée par la pluie, se trouve presque complétement ressuyée. Indépendamment de ces soins, les cantonniers intelligents peuvent aisément recueillir un peu d'eau pour l'arrosage des arbres, en barrant momentanément les fossés. Ils peuvent également, par des rigoles adroitement ménagées sur les accotements, diriger sur les plantations un filet d'eau pendant les pluies. Enfin, en ramassant les déjections des animaux qui passent sur la route, ils se procurent un engrais très-riche, qu'ils déposeront utilement au pied des jeunes arbres pour favoriser leur croissance.

Si le terrain est brûlant, on fait en outre des couvertures *(Fig. 18, planche V)*, soit simplement à l'aide de cailloux roulés ou de pierres cassés, soit à l'aide de débris de joncs et de paille. On enveloppe d'un gazon la tige de l'arbre, dans le premier cas, pour la préserver des meurtrissures.

L'action desséchante du soleil sur les jeunes tiges peut encore être atténuée au moyen d'une simple couche de lait de chaux mêlée d'argile, si l'on a soin de les enduire depuis le bas jusqu'au haut. C'est une sorte d'écorce imperméable et artificielle, qui empêche l'évaporation de la sève, et par conséquent la dessiccation de l'arbre. Cette pratique est également bonne à suivre pour garantir les jeunes arbres des hâles de mars, après leur plantation.

# CHAPITRE V.

## ÉLAGAGE.

### 25. — But de l'élagage.

L'élagage a pour but de diriger l'arbre dans sa croissance, de manière à l'amener graduellement à la forme définitive qu'on entend lui donner. Les arbres peuvent être plantés dans un but d'agrément et pour l'ornement d'une promenade, ou en vue de la production de bois de service. La forme à leur donner dans le premier cas est différente de celle qu'ils doivent avoir dans l'autre. De là deux méthodes d'élagage fort distinctes.

Si la plantation est faite au point de vue de la production de bois de service, l'élagage doit avoir pour résultat final de former des arbres dont la tige soit aussi haute, aussi forte et aussi droite que possible, sans nodosités ni déviations.

En forêt, l'élagage s'opère naturellement et sans le secours de l'homme : car les branches les plus basses, se trouvant arrêtées dans leur croissance par les branches des arbres voisins, ne prennent pas un développement exagéré ; la tige s'accroît en hauteur et en diamètre. Bientôt les branches inférieures, privées de soleil et d'air, languissent et disparaissent ; les branches de tête commencent à se former ; le tronc reste droit et net, grossit peu à peu ; et l'arbre donne en temps utile un bois de service excellent, grâce à cet élagage naturel, qui s'est fait, ainsi qu'il vient d'être dit, par la force même des choses et sans que l'homme ait eu à y mettre la main.

Sur une route, les circonstances ne sont plus les mêmes ; les branches latérales ne rencontrent aucun obstacle ; elles tendent à devenir vers le bas aussi grosses que la tige centrale. De là les nodosités considérables qu'on remarque ; de là encore ces déformations et déviations de la verticale qui font perdre à l'arbre une partie notable de sa valeur. Quand le moment de l'exploitation est arrivé, on obtient bien, il est vrai, un cube de bois aussi considérable que si l'arbre avait crû en forêt ; mais il a peu de valeur, attendu qu'il ne peut fournir que du bois à brûler, et nullement du bois de service pour la charpente ou le charronnage.

Il faut donc évidemment que la main de l'homme intervienne pour améliorer cette production.

La figure 38, planche VIII, représente un arbre qui s'est développé librement, et la figure 39, un arbre qui a été dirigé convenablement dans sa croissance par un élagage rationnel.

## 26. — Principes de l'élagage.

L'opération qu'on doit exécuter est connue sous le nom d'élagage. Les bases en sont fort simples, peu nombreuses, et reposent sur les principes que nous avons exposés au chapitre II, en parlant de la végétation. La règle générale, fondée sur la théorie de la végétation et sur l'observation de plantations bien dirigées, consiste à maintenir constamment le tronc de l'arbre dégarni de branches sur la moitié inférieure de sa hauteur totale, et à les distribuer à peu près uniformément et symétriquement autour de la tige, sur l'autre moitié, en observant autant que possible, pour ces branches, une décroissance continue de force et de longueur, des plus basses à la cime.

La première chose à faire, quand on veut élaguer un arbre, consiste à supprimer toutes les branches qui se trouvent dans la moitié inférieure de sa tige. Appliqué d'une manière absolue, ce principe conduirait souvent à couper des branches trop fortes par rapport à la grosseur du tronc; il en résulterait de larges plaies, difficiles à cicatriser, capables même d'occasionner la pourriture d'une partie des corps ligneux de l'arbre. C'est ce qui arrive lorsque l'élagage a été mal fait ou négligé pendant quelques années. On doit, lorsque le cas se présente, se borner à affaiblir graduellement ces fortes branches, en les coupant de la moitié ou des deux tiers de leur longueur à partir du tronc en A et B *(Fig. 22, planche VI)*, et à les tordre au-dessous des sections pratiquées. Pendant l'été suivant, ces branches porteront peu de feuilles et grossiront par conséquent fort peu; au contraire, le tronc prendra un accroissement assez notable pour permettre de les supprimer sans inconvénient après l'hiver, attendu que la plaie qui résultera de la section définitive n'aura que des dimensions assez faibles par rapport à la grosseur de ce tronc.

Les inconvénients dans lesquels on tombe, soit en laissant toutes les branches sur le tronc, soit en les élaguant trop haut, soit en les supprimant entièrement jusqu'au sommet de la tige, sont évidents.

1° En laissant toutes les branches latérales, le tronc grossit, il est vrai, mais seulement par le bas. Il se produit à la naissance des branches inférieures un renflement très-sensible, au-dessus duquel le diamètre de la tige diminue subitement et reste grêle, noueux et disproportionné sur le reste de sa hauteur; ce qui nuit considé-rablement à la qualité ainsi qu'à la valeur de l'arbre comme bois de service. *(Fig. 23, planche VI.)*

2° Si l'on élague trop haut, le tronc se couvre de bourgeons au-dessous de la partie élaguée, et prend peu de développement en grosseur. *(Fig. 24, planche VI.)*

3° En supprimant toutes les branches latérales, le nombre des rameaux et des feuilles se trouvant réduit à l'excès, il se forme peu de sève élaborée pour nourrir la tige. Elle s'effile alors et s'allonge sans augmenter de diamètre. D'un autre côté, naissent à chaque section, pendant la période de la végétation, de nombreux bourgeons qu'on coupe l'hiver suivant. De là ces sortes d'exostoses qu'on remarque sur toute la hauteur de la tige, et qui donnent bientôt à l'arbre l'aspect indiqué par les figures 24 et 24 bis, planche VI. Le tronc est extrêmement noueux, souvent pourri, carié, et dégénère en têtard.

L'expérience, d'accord avec les considérations théoriques, a dé-montré que le principe de l'élagage sur la moitié de la hauteur totale de l'arbre, comme on l'a énoncé plus haut, devait toujours être appliqué pour obtenir des bois de service.

Quand les branches sont conservées sur la moitié de la hauteur de l'arbre, il reste assez de rameaux et de feuilles pour élaborer la sève et produire le *cambium* nécessaire à l'accroissement du tronc en diamètre; et les branches ne prennent jamais assez de développement par rapport à lui pour déterminer, après leur re-tranchement, la formation de nodosités apparentes.

Quels soins doit-on donner aux branches conservées sur la moitié supérieure de l'arbre? On doit, autant que possible, chercher à les y distribuer symétriquement et uniformément; à modérer et diriger leur développement de façon que leur diamètre reste toujours sensiblement plus petit que celui de la tige terminale. On supprimera donc, sur les deux tiers de leur longueur en A et B *(Fig. 25, planche VI)*, toutes les branches dites *gourmands*, telles que K et T, qui tendent à dépasser la tige centrale, à se substituer à elle, ou à bifurquer l'arbre.

Si deux branches sont attachées au même point C *(Fig. 25, 26, planche VI)*, on coupe la plus grosse à la naissance ; car si on les laissait toutes deux, quand ces branches arriveraient dans la moitié inférieure de l'arbre, la plaie qui résulterait de leur section offrirait une surface considérable.

Si plusieurs branches sont attachées en couronne autour de la tige *(Fig. 27, planche VII)*, on en supprime plusieurs, parmi les plus grosses, pour que les plaies qui résulteront plus tard de la suppression des autres soient insignifiantes ; mais, pour éviter de faire une plaie annulaire, on ne retranche ces branches que de deux en deux.

Si l'extrémité de la tige se bifurque en deux rameaux *(Fig. 28; 28 bis, planche VII)*, on coupe la moins vigoureuse en D; afin que la portion qui reste serve de tuteur au second rameau, qu'on redresse en l'attachant avec une matière textile ou avec un lien de saule jaune plus ou moins fort.

Tous les détails que nous venons de donner découlent des principes généraux posés plus haut, et sur lesquels on ne saurait trop insister : 1° favoriser le développement de la tige, en conservant suffisamment de branches latérales ; 2° favoriser son allongement, en maintenant la prépondérance du bourgeon central ou terminal.

Nous terminerons ces considérations par une remarque qui se vérifie généralement : tant qu'une branche latérale ne renferme pas de ligneux, c'est-à-dire de *bois fait*, on peut la couper auprès du tronc, si d'ailleurs son diamètre n'est pas trop considérable, et la plaie se fermera certainement; mais quand les couches ligneuses sont formées jusqu'au centre de la branche, on peut craindre que cette partie centrale, qui est à peu près privée de vie, ne se carie à l'air. Il faut alors agir avec prudence, affaiblir graduellement la branche par des retranchements successifs *(Fig. 29, planche VII)*, et, lorsqu'on la recépera contre le tronc, couvrir la plaie d'un englûment. Ce procédé s'appliquera surtout aux arbres longtemps négligés.

L'élagage peut être pratiqué dans la saison où la végétation est arrêtée, c'est-à-dire du mois de novembre au mois d'avril. C'est aux mois de février et mars qu'on doit élaguer dans les pays très-froids, et aux mois d'octobre et de novembre dans les pays où l'on n'a pas à craindre les fortes gelées. Dans tous les cas, il faut suspendre l'élagage pendant les grands froids, attendu que le bois gelé se coupe difficilement, et que les plaies qui résultent de l'opération se cicatrisent mal.

Quand une branche doit être retranchée, il faut que la section à faire ne soit pas d'un diamètre sensiblement plus grand que celui de ladite branche. Elle doit donc être perpendiculaire à la direction de cette branche, et cependant, il est essentiel qu'il ne reste plus d'empâtement ni de chicot sur la tige principale, sans quoi la plaie ne se fermerait que très-difficilement. *(Fig. 30, planche VII.)* Il faut avoir bien soin de diriger la section de telle manière qu'elle soit à peu près tangente par le haut avec la surface de la tige principale ; car c'est par le haut, à travers le tissu fibreux de l'écorce, qu'arrive la sève élaborée ou *cambium*, destinée à former au pourtour de la plaie un bourrelet qui, en s'étendant vers le centre par le haut et par les côtés de cette plaie, finit par en opérer la cicatrisation complète.

Quand on coupe à la serpe, on pratique d'abord une forte entaille à la partie inférieure, puis une suite d'entailles à la partie supérieure, et l'on abat la branche, qui souvent se détache par son poids. En procédant ainsi, l'on n'a pas à craindre que la partie de l'écorce inférieure à la section soit arrachée au moment de la chute de cette branche, ce qui serait fort regrettable. *(Fig. 31, planche VII.)*

La plaie est alors parée avec soin, puis recouverte d'une couche d'englûment. M. Lhomme-Lefort, à Belleville, près Paris, vend un mastic que l'on peut poser à froid et qui ne coûte que 2 fr. 50 c.

le kilogramme. Ce mastic rend un grand service aux arboriculteurs et aux pépiniéristes, et devient d'un emploi général.

On peut en composer d'autres plus économiques, ayant pour base le goudron épuré, la poix noire, la résine, le suif et un corps inerte pulvérisé très-fin, afin de prévenir les effets du retrait et de l'écaillage du mastic. Ils coûtent ainsi de 75 c. à 1 fr. le kilogramme, et s'appliquent à chaud.

## 27. — Instruments d'élagage.

Les instruments employés pour l'élagage des arbres sont très-variés ; il est difficile d'indiquer quels sont les meilleurs, car les qualités et les avantages qu'ils paraissent présenter dépendent essentiellement de l'adresse et de l'habileté de l'ouvrier qui en fait usage. Nous passerons rapidement en revue les plus usuels d'entre eux, qui sont la serpe, la hache à main, la scie, l'ébranchoir à crochet ou sans crochet, l'échenilloir à poulie.

1° La *serpe (Fig. 32, planche VII)* est d'un emploi rapide et commode ; la coupe X-Y indique vers le milieu de la largeur un renflement qui empêche l'outil de s'engager dans la section faite. L'ouvrier pratique avec l'outil une forte entaille en dessous, puis une autre en dessus de la branche, qui tombe bientôt par son propre poids ou que l'on aide à tomber. La partie centrale de la section n'est point nette ; mais on a soin de l'affranchir, de la polir avec le même outil.

2° La *petite hache,* bien tranchante, est employée dans certains départements ; on la manœuvre comme la serpe.

3° La *scie à manche* est exclusivement adoptée dans le Midi. *(Fig. 33.)* La section qu'on obtient n'est point nette comme avec un instrument tranchant, et l'expérience démontre qu'une petite longueur de bois périt toujours en dessous de la section faite par la scie. Aussi, faut-il toujours parer la plaie au moyen d'une serpette ou d'une serpe bien aiguisée, suivant la grosseur de la branche enlevée.

4° L'*ébranchoir à crochet (Fig. 34)* est une espèce de ciseau de menuisier muni d'une douille, et fixé à l'extrémité d'un long manche. Il permet de couper des branches de 0m03 à 0m04 près du tronc, sans qu'il soit besoin de monter sur l'arbre ou d'employer une échelle.

C'est un instrument fort commode et fort expéditif, mais dont l'usage demande quelque habitude et quelque adresse. Deux ouvriers sont nécessaires : l'un tient le manche et appuie le tranchant de l'outil sous la branche à couper, tandis que l'autre en frappe l'extrémité au moyen d'un fort maillet en bois. Cet ébranchoir porte un petit crochet sur le côté pour faire tomber la branche coupée. On se sert au bois de Boulogne d'un outil analogue, plus fort, plus large, et non pourvu de crochet ; mais les échancrures pratiquées sous la base de cet outil en tiennent lieu. *(Fig. 34 bis.)*

5° L'*échenilloir à poulie* est une sorte de sécateur à levier ajusté au bout d'un long manche et qu'on manœuvre à l'aide d'une corde. Il sert à couper l'extrémité des branches latérales qui ont de la tendance à s'emporter, et dont le diamètre n'excède pas 0m02 à 0m03. C'est un instrument très-commode. On en fait de forces graduées pour pouvoir détacher des branches plus ou moins grosses et qui ont jusqu'à 0m02 à 0m03 de diamètre. *(Fig. 35.)*

6° On remplace quelquefois l'échenilloir par le *croissant à manche,* espèce de faucille qui ne donne jamais une section aussi nette que l'ébranchoir ou l'échenilloir *(Fig. 36)*, mais qui est d'un usage fort commode.

Pour atteindre le sommet des arbres, on se sert de l'échelle simple armée de joues à la partie supérieure, et qu'on applique verticalement contre l'arbre, ou bien encore de l'échelle double à roulettes. Il faut proscrire l'emploi du crochet ou griffe d'élagueur, que certains ouvriers attachent à leurs pieds à l'aide de courroies pour s'aider à grimper et à descendre. Avec ces griffes, ils entament fortement l'écorce des arbres et peuvent les faire périr. *(Fig. 37, planche VII.)*

## 28. — Fréquence de l'élagage.

La formation progressive d'un arbre exige qu'on le soumette

périodiquement à l'opération de l'élagage ; mais en ayant soin de
ne le point fatiguer par des mutilations trop multipliées.

Le premier élagage ne doit être exécuté que deux ans après la
plantation, lorsque l'arbre est complètement repris.

L'élagage doit ensuite être pratiqué tous les deux ans, pendant les
douze années qui suivent l'instant de la plantation définitive ; tous
les trois ans seulement pour les neuf années suivantes ; enfin tous
les quatre ans, depuis l'expiration de ce nouveau terme jusqu'au
moment où le sommet de l'arbre cessera de s'élever ou de croître
en hauteur.

A partir de ce moment, qui arrive à l'âge de cinquante ans pour
les essences dures et de trente pour les essences tendres, on ne
doit plus l'élaguer, mais laisser à la nature le soin de former la
tête de l'arbre et d'établir l'équilibre définitif entre ses branches et
ses racines. Tout élagage serait alors intempestif, nuisible, et
peut-être de nature à compromettre son existence même.

29. — Des diverses sortes d'élagage.

On distingue quatre sortes d'élagage :

1° L'élagage complet ; 2° l'élagage belge ou en colonne ; 3° l'élagage en cône ; 4° l'élagage en tête ou progressif.

1° *Elagage complet.*

L'élagage complet consiste dans la suppression de toutes les
branches latérales. On ne laisse alors que le bouquet de branches
qui couronne le sommet. On le pratique pour la première fois huit
à dix ans après la plantation, et on le renouvelle ensuite tous les
trois ans pour les peupliers, et tous les six ou huit ans pour les
essences dures. Il résulte de ce mode d'opérer un tronc couvert
d'exostoses et de nodosités, comme l'indiquent les figures 24, 24 bis,
planche VI. Le bois du tronc est de médiocre qualité et souvent
carié. Cet élagage donne de suite des produits : aussi les fermiers
l'appliquent-ils généralement pour se procurer du bois de chauffage ;
mais le propriétaire doit s'y opposer formellement, car il n'obtient
jamais de bois de service, ce qu'il faut rechercher avant tout.

### 2° Elagage belge ou en colonne.

Dans ce système, on pratique le premier élagage quand les jeunes arbres ont cinq ans de plantation. On supprime alors toutes les branches jusqu'à 2 mètres au-dessus du sol. A partir de ce premier élagage, on arrête les branches qui prennent trop de développement; on supprime celles qui sont attachées à des points multiples; mais l'arbre reste garni de branches depuis 2 mètres du pied jusqu'au sommet. Le résultat est meilleur, assurément, que dans la méthode précédente; mais, en général, l'on remarque sur les vieux arbres que la section du tronc change brusquement à partir des branches inférieures, et qu'il y a des nodosités considérables sur toute la hauteur de la tige. *(Fig. 23.)*

### 3° Elagage en cône.

M. Stéphens a pratiqué cet élagage en Belgique; mais les résultats n'ont pas été satisfaisants. Le premier élagage supprime d'abord toutes les branches jusqu'à 2$^m$50 au-dessus du sol, tandis que toutes les autres sont taillées de manière à donner à l'arbre la forme d'un cône ayant 1 de base pour 3 de hauteur. *(Fig. 40, planche VII.)* La forme ainsi obtenue ne plaît point à l'œil; le bois devient noueux et de médiocre qualité; les branches latérales sont très-fortes, très-sinueuses, et le tronc a perdu notablement de sa valeur.

### 4° Elagage progressif ou en tête.

L'élagage progressif ou en tête, le seul qui soit rationnel au point de vue de la production de bois de service, n'est autre que celui qui a été indiqué en étudiant plus haut les soins à donner aux plantations.

C'est celui qu'il faut absolument adopter sur les routes. Il se résume ainsi : 1° on supprime à chaque opération toutes les branches qui peuvent exister sur la moitié inférieure de la tige, et l'on dirige les autres de manière à ce qu'elles soient, autant que possible, uniformément et à peu près symétriquement distribuées sur la moitié supérieure de cette tige, les plus fortes et les plus longues en bas, les plus faibles et les plus courtes vers le sommet; 2° on coupe une branche en tous les points où il en pousse deux, et c'est la plus forte qu'on choisit; 3° on coupe plusieurs branches là où elles forment une couronne à la même hauteur, mais de manière à réduire l'étendue de la plaie, qui ne doit jamais être annulaire; 4° on arrête les branches latérales qui s'emportent et se développent trop vite; 5° on favorise l'extension du rameau terminal en retranchant ou en raccourcissant les gourmands qui tendent à le dépasser; 6° on le ramène toujours dans la verticale par une ligature, chaque fois qu'il vient à s'en écarter.

Par ce mode d'opérer, on parvient à former un arbre à bois dur au bout de cinquante ans, et un arbre à bois tendre au bout de trente à trente-cinq ans. A cet âge, on supprime pour chaque nature d'arbre toute espèce d'élagage.

On ne doit jamais étêter, pour le transplanter, un arbre sain et bien proportionné; mais il est deux circonstances où il devient nécessaire de pratiquer cette opération :

1° Lorsque, dans la déplantation, la mutilation des racines a été telle que l'équilibre ne saurait être rétabli autrement;

2° Lorsque dans la pépinière, par suite d'une plantation trop serrée, les ramifications latérales ont disparu et que le sujet s'est effilé.

Comment alors reformer le prolongement de la tige? On tronque cette tige au-dessus d'un bourgeon; ce bourgeon se développe au printemps, et on l'attache à la portion de la tige qui reste au-dessus de lui, pour le ramener dans la position verticale, puis l'on coupe les branches latérales qui tendent à le dominer. En opérant de la même manière sur les bourgeons qui naîtront de lui, on finira, au bout de quelques années, par obtenir une tige parfaitement verticale.

### 30. — Élagage au point de vue de l'ornement.

Supposons une ligne d'arbres plantés de chaque côté d'une avenue, à quelle forme conviendra-t-il d'astreindre leur développement pour que le coup-d'œil soit aussi satisfaisant que possible? La forme d'un berceau en ogive est celle qui est à la fois la plus rationnelle et la plus élégante.

Parallèlement à l'axe de l'avenue, on a deux murs extérieurs de verdure, l'un à gauche, l'autre à droite, et au-dessus de sa tête une arcade continue de branches qui se rejoignent au sommet et dont les rameaux interceptent entièrement les rayons du soleil. *(Fig. 43, 43 bis, planche IX.)*

Dans le Midi, on taille les arbres des promenades en gobelets circulaires qui, ne se touchant qu'en un point, forment entre leurs têtes des vides à travers lesquels passent les rayons solaires. *(Fig. 42, 42 bis, planche IX.)*

La forme ogivale est meilleure. *(Fig. 41, 41 bis, 43, 43 bis, planche IX.)*

On y arrive en supprimant, au premier élagage, toutes les branches jusqu'à 2m50 au-dessus du sol ; l'on raccourcit en même temps les branches perpendiculaires à la direction de l'avenue, tant en avant qu'en arrière, et l'on conserve les branches latérales ou parallèles à cette direction. Elles se développent librement, et forment bientôt le mur de verdure qu'on veut obtenir. Au deuxième élagage, mêmes soins. La forme de l'arbre se dessine peu à peu, et tous les ans on la rectifie par un émondage au croissant qui arrête les jeunes bourgeons. Au bout de dix à douze ans, les arbres accusent l'ogive, et l'on n'a plus que des soins d'entretien à leur donner.

Quand les plantations sont faites dans une ville, il faut qu'il y ait 10 mètres entre le pied des arbres et les maisons, et que leur sommet s'arrête entre le premier et le deuxième étage; autrement ces arbres peuvent nuire à l'habitation, et il s'établit entre eux et les locataires une lutte dont ils sont toujours victimes.

# CHAPITRE VI.

## REMPLACEMENT, EXPLOITATION, RENOUVELLEMENT ET MALADIES DES PLANTATIONS.

### 31. — Remplacement des arbres morts ou manquants.

Lorsque, dans une plantation de jeunes arbres, l'un d'eux vient à mourir, il faut le remplacer de suite : car, plus on attend, plus la reprise du jeune sujet est difficile. Voici comment on procède :

On creuse un trou carré comme à l'ordinaire, et l'on place sur ses parois M et M' *(Fig. 40 ter)* des planchettes en bois ou des tuiles destinées à empêcher l'invasion des racines des deux arbres voisins de celui qu'on remplace, à travers la terre meuble qui sert à la nouvelle plantation. S'il y a des remplacements à faire dans une plantation qui date déjà de quinze à vingt ans, la reprise des jeunes sujets est fort difficile. Si la plantation est d'essence de bois dur, il faut alors faire les remplacements avec des essences de bois tendre, qui sont plus vigoureuses et triomphent quelquefois des circonstances fâcheuses au milieu desquelles elles sont placées.

### 32. — Exploitation.

On reconnaît que le moment d'exploiter des arbres d'espèces dure ou tendre est venu quand les branches du sommet languissent, et que la cime commence à se couronner.

L'abatage n'offre pas de difficultés. On ruine l'arbre par le pied à coups de hache ; on l'affaiblit plus du côté où il doit tomber que de l'autre, et on l'abat au moyen de cordages, après en avoir découvert le collet et coupé toutes les grosses racines.

### 33. — Renouvellement de la plantation.

Dès que les anciens arbres sont abattus et que leurs plus grosses racines sont extirpées, on doit procéder au renouvellement de la plantation.

Peut-on replanter la même espèce ?

Il n'y a aucun inconvénient à le faire si les arbres qu'on vient d'abattre ont de cinquante à soixante ans : car, dans les vingt dernières années de son existence, chacun d'eux a tiré les sucs de la terre non pas dans l'intérieur du petit cercle MM' voisin du tronc *(Fig. 40 bis, planche VIII)*, mais dans les parties plus éloignées AA, où se trouvait le chevelu des racines. La terre MM' s'est donc reposée pendant tout ce laps de temps ; et comme c'est précisément celle qui est appelée à nourrir le jeune arbre qui remplacera l'an-

cien, on voit qu'elle peut aisément le faire. C'est le contraire de
ce qui a lieu pour les arbres fruitiers : car la taille qui a fait fructifier
les rameaux inférieurs a déterminé, en même temps la production
d'un chevelu tout près du collet. La terre qui avoisine le pied de
ces arbres se trouve alors épuisée, aussi bien que celle qui est
placée à une distance plus grande; et l'on comprend qu'il soit nécessaire de la renouveler, ou mieux de changer les espèces. Mais,
dans les arbres d'alignement, l'élagage favorise au contraire le
développement des branches élevées, d'où il résulte que tout le
chevelu des racines se fixe à leur extrémité, et que la terre qui
entoure le collet est dans un repos absolu et complet pendant un
grand nombre d'années.

### 04. — Maladies des arbres.

Les maladies des arbres proviennent ou de la malveillance, ou de
l'intempérie des saisons, ou des insectes nuisibles. Nous les passerons rapidement en revue, en indiquant les remèdes les plus
efficaces.

#### 1° Ulcères.

Quand une branche d'arbre est rompue, on voit souvent suinter
par la plaie un liquide noir qui affaiblit la végétation de l'arbre ;
une carie plus ou moins profonde se manifeste alors dans la branche ; le ligneux perd son carbone et tombe en pourriture.

Le moyen d'arrêter les ulcères, c'est de raviver la plaie à l'aide
d'une serpe et de la recouvrir d'une couche imperméable de mastic.
Il arrive quelquefois que le tronc de l'arbre est complètement
creux ; le moyen le plus simple de prolonger son existence est de
couper au vif les bords de la carie et de maçonner l'intérieur, ou
mieux de le remplir de béton hydraulique bien massivé ; on place
ensuite une couche de mastic sur l'ouverture, pour empêcher tout
contact avec l'air. *(Fig. 44, planche X.)*

#### 2° Gaz nuisibles.

Les arbres redoutent beaucoup les vapeurs ammoniacales et
acides, ainsi que les sulfhydrates qui s'échappent du gaz d'éclai-

rage. On ne connaît pas encore de préservatif contre cette influence, qui est toujours meurtrière là où elle se produit.

L'asphyxie par le pied est souvent aussi une cause de mort pour les plantations. Si l'on enterre un arbre de 0m20, 0m30, 0m40, les racines ne respirent plus ; et si un nouvel appareil de racines ne parvient pas à se développer un peu au-dessous de la surface du sol, l'arbre ne tarde pas à périr.

### 3° Roulure et gelivure.

Les intempéries occasionnent deux maladies très-communes : la roulure et la gelivure. Lorsque la végétation est arrêtée tout-à-coup par une petite gelée, la zone circulaire des ligneux, qui était en voie de formation, se dessèche et pourrit. De là des caries circulaires dans l'intérieur de l'arbre, qui font perdre au bois beaucoup de sa qualité et de sa valeur. C'est le phénomène qu'on appelle roulure. *(Fig. 45, planche X.)*

Quelquefois la gelée produit un autre effet : elle détermine dans le tronc des fentes dirigées suivant des rayons, et qui s'étendent jusqu'à l'écorce. *(Fig. 46, 47, planche X.)* Ces fentes verticales laissent écouler un liquide noir qui nuit à la végétation. On arrête cette maladie en mettant les fentes à nu au moyen de la serpe, et en les recouvrant de mastic.

### 4° Chaleur solaire.

Les rayons trop ardents du soleil frappent, vers les trois heures de l'après-midi, presque perpendiculairement les tiges des arbres, et en dessèchent l'écorce au point que celle-ci, ne remplissant plus sa fonction principale, celle de conduire la sève descendante, la végétation reste comme suspendue et le diamètre de la tige ne prend aucun accroissement. Quand on remarque cet effet, il convient de fendre l'écorce de l'arbre depuis le haut jusqu'au bas par un ou plusieurs simples traits de serpette, en ayant bien soin de ne point attaquer le *liber* ni la partie ligneuse du bois ; on doit en outre dégager sa tête de quelques-unes des branches les plus chétives. On peut prévenir cet inconvénient grave en recouvrant la tige d'une couche de terre argileuse mélangée avec de la chaux.

### 35. — Insectes nuisibles.

En première ligne on doit citer les hannetons qui, à l'état de vers blancs, rongent les jeunes racines, et, à l'état d'insectes, mangent les feuilles des arbres et arrêtent ainsi momentanément la végétation. Leur destruction ne peut être obtenue que par une loi qui la rendra obligatoire.

Le scolypte destructeur s'attaque spécialement aux ormes. L'individu femelle pond ses œufs, qu'il place dans une galerie verticale ouverte par lui entre le bois et l'écorce. Chaque larve qui vient à éclore creuse une galerie transversale qui part de la galerie centrale *(Fig. 48, 48 bis, planche X)*, et, quand elle devient papillon, elle perce l'écorce pour s'échapper à l'air, de sorte que celle-ci est criblée d'une infinité de petits trous semblables à ceux que ferait une charge de plomb très-fin tirée contre l'arbre. M. Robert, pour détruire ces insectes, a imaginé de pratiquer des fentes longitudinales dans l'écorce de l'arbre. Les larves les plus voisines de ces petites tranchées périssent par l'impression de l'air, et la végétation reprend alors une nouvelle énergie par suite de la destruction d'un grand nombre de ses ennemis. Les tissus se remplissent d'une sève abondante, et le reste des scolyptes périt par asphyxie. M. Robert recouvre ensuite de mastic les parties de l'écorce qui sont mises à nu.

La chenille connue sous le nom de bombix-cul-doré est la plus vorace de l'espèce. Elle détruit beaucoup de feuilles. Les remèdes à proposer sont nombreux; voici les plus simples à employer :

1° La destruction des nids avec l'écheniiloir. Cette opération, qu'on appelle l'échenillage, doit s'exécuter chaque année au commencement de mars, en vertu des prescriptions mêmes de l'administration locale.

2° Le matin, de bonne heure, quand l'animal est engourdi par le froid, on donne à l'arbre des coups secs et répétés. Ces secousses brusques en font tomber une grande quantité sur le sol, et on les écrase.

3° Quand les chenilles sont à l'état de papillon, on allume le soir

entre les arbres de grands feux de paille, et ils viennent s'y brûler
en quantité considérable.

Tous les arbres ne sont pas également attaqués par les insectes ;
le tableau ci-dessous donne par ordre la liste des espèces qui ont
le plus à souffrir.

Tableau n° 5.

| ARBRES SUJETS À ÊTRE ATTAQUÉS par les insectes. | | ARBRES NON SUJETS. | |
|---|---|---|---|
| Ormes. | Chênes. | Erables. | Acacias. |
| Peupliers. | Charmes. | Noyers. | Platanes. |
| Marronniers d'Inde. | Hêtres. | Frênes. | Vernis du Japon. |
| Tilleuls. | Aulnes. | | |

Nous ferons remarquer, en terminant, que, pour une même
espèce, les arbres sont d'autant moins attaqués par les insectes
qu'ils sont plus vigoureux. Si donc on suit ponctuellement les
conseils que nous avons donnés pour l'entretien des arbres, soit
en pépinière, soit après la plantation définitive, on n'aura pas
d'insectes à redouter; et, par suite, les remèdes proposés ne devront
être que rarement appliqués.

# CHAPITRE VII.

## QUELQUES MOTS SUR LA FORMATION DES HAIES ET LEUR ENTRETIEN.

### 36. — Préparation du terrain et plantation de la haie.

Pour former une haie, on se procure des racinaux d'épines
arrachés dans les bois, ou de jeunes plants venus de semis en
pépinière. On plante ces épines après les avoir habillées, c'est-à-dire
après avoir réduit d'un tiers leur longueur et affranchi à la serpe
l'extrémité meurtrie de leurs racines. La plantation se fait sur deux

lignes distantes entre elles de $0^m20$ à $0^m25$; et, dans chaque ligne, ces épines sont espacées de $0^m10$ à $0^m12$ les unes des autres. Le sol a été ameubli préalablement comme pour toute autre plantation, sur 1 mètre de largeur et $0^m70$ de profondeur. On l'amende et on le fume s'il y a lieu. *(Fig. 50, planche X.)*

Au bout de deux ans, les épines sont bien reprises et bien enracinées; on les recèpe alors en mars, à $0^m05$ ou $0^m06$ au-dessus du pied. Pendant l'été qui suit le recépage, il sort de chaque tige deux ou trois bourgeons, qui atteignent souvent, dans une seule année, de $0^m80$ à 1 mètre de haut. Comme on donne ordinairement aux haies une hauteur de $1^m20$ à $1^m40$, on maintient par la taille les pousses successives à cette hauteur, et l'on façonne par le même procédé les paremonts extérieurs et verticaux de cette haie, de manière à lui procurer graduellement une épaisseur de $0^m50$ à $0^m60$. La taille s'opère à l'aide de cisailles spéciales, au mois de novembre ou au mois de mars.

Au lieu de diriger verticalement les tiges des épines, ce qui donne peu de solidité à la haie, qu'on peut, dans ce cas, entr'ouvrir aisément en écartant les pieds d'épines qui la composent, on les incline à 45°, et l'on entrelace leurs bourgeons, qu'on lie aux points de croisement, de manière à obtenir en élévation une sorte de treillis. *(Fig. 50 bis.)*

Les brindilles sont liées entre elles à l'aide de brins d'osier ou de joncs; de petites perches transversales fixées à des piquets de $1^m20$ de hauteur, espacés de $2^m50$ et plantés entre les deux rangs de la haie, facilitent cette opération ainsi que l'entrelacement des branches.

On taille aux mois de février et de novembre, avec de longues cisailles, les deux faces verticales de la haie exclusivement, mais non pas le haut des bourgeons, tant qu'on n'a pas atteint la hauteur de $1^m20$ à $1^m40$ assignée à cette haie. On dirige ainsi progressivement sa croissance, de manière à lui donner une épaisseur définitive qui varie de $0^m50$ à $0^m60$, et à forcer les brindilles à se ramifier dans tous les sens. On obtient bientôt une muraille impénétrable, dont les faces extérieures se relient par les ramifications secondaires; et la haie ne peut plus être franchie en écartant les épines, comme cela arrive trop souvent dans les plantations peu soignées et faites à tiges verticales qu'on remarque dans les campagnes, où les haies sont pour ainsi dire abandonnées à elles-mêmes.

Lorsqu'on veut établir une pépinière en rase campagne, le premier soin à prendre est de clore le terrain dont on dispose par une haie sèche très-légère, derrière laquelle on plante une haie vive dont elle protège la croissance pendant ses premières années. La haie sèche se fait avec des épines que l'on enfonce dans le sol et qu'on coupe à 1$^m$30 de hauteur. On les soutient en outre par deux rangs de longues perches faisant office de moises. Ces perches sont elles-mêmes soutenues par de forts piquets de 1$^m$80 de hauteur totale, enfoncés de 0$^m$50 dans le sol, et auxquels elles sont fixées par des clous ou des liens croisés en fil de fer. Il est bon de lier de proche en proche ces perches aux épines sèches, pour assurer la solidité du système. On peut remplacer les perches longitudinales par du gros fil de fer.

FIN.

# TABLE DES MATIÈRES.

Vesoul, typographie de L. SUCHAUX.

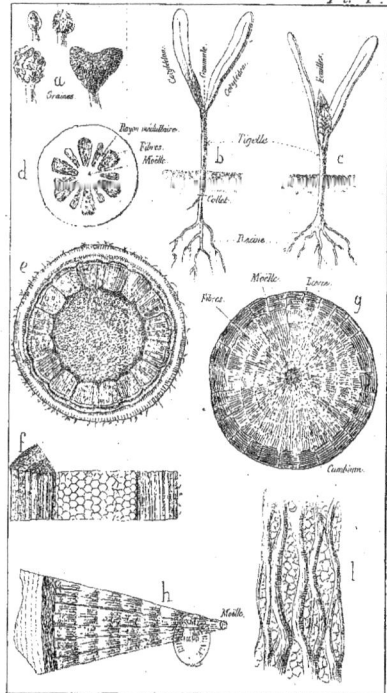

Principes de la végétation.

Pl. I.re

Lambert, Cocherhar, del.

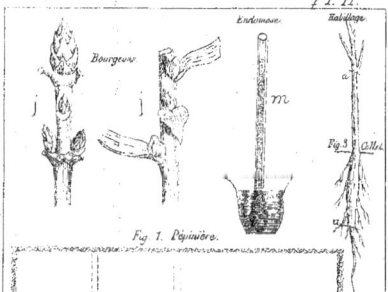

Pl. 11.

Bourgeon.    Endosmose.    Habillage.

Fig 3. Collet.

Fig. 1. Pépinière.

Repiquages.

Transplantation.

Bordures.

Fig. 2.                Fig. 4 bis.

fig 3 bis.

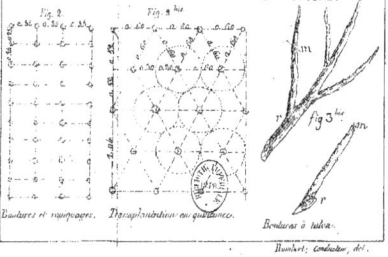

Bordures et repiquages.    Transplantation en quinconces.    Bordures à talus.

Bombet; Conducteur, del.

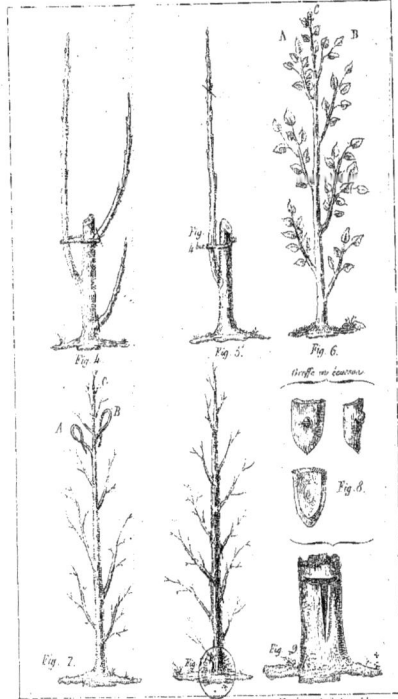

Pl. III.

Fig. 4.    Fig. 5.    Fig. 6.

Greffe en couronne.

Fig. 8.

Fig. 7.    Fig. 9.

Zarabara, Conducteur, del.

Pl. IV.

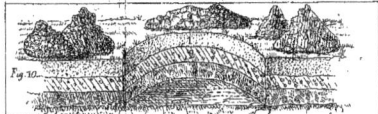

Fig. 10.

Fig. 11.

D

K

Fig. 14.

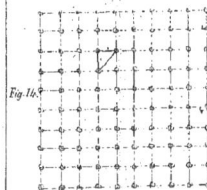

Fig. 12.

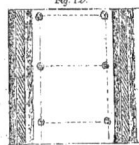

Fig. 13.

Fig. 15.

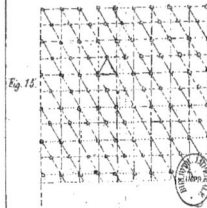

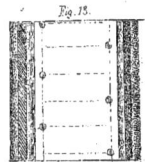

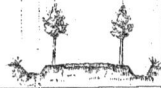

Hombert, Covington, del.

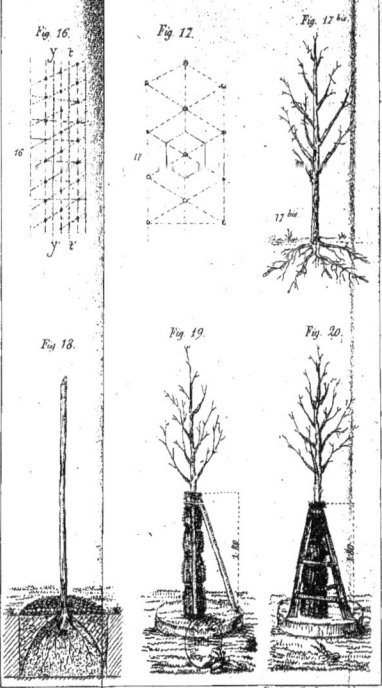

Pl. V.

Fig. 16.    Fig. 17.    Fig. 17 bis.

Fig. 18.    Fig. 19.    Fig. 20.

39

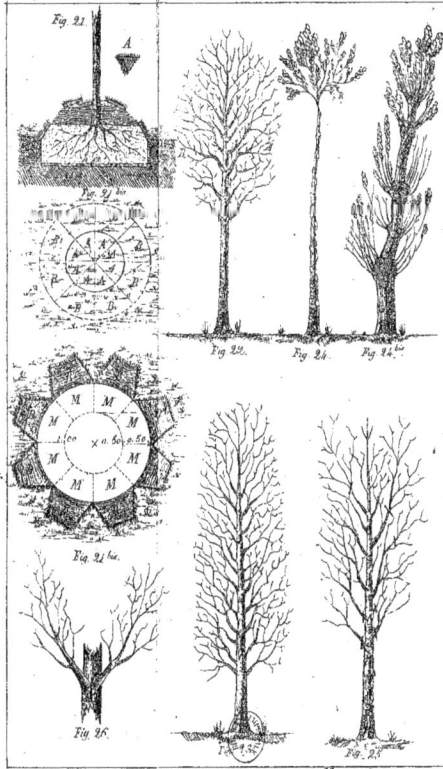

Pl. VI.

Fig. 21.

Fig. 21 bis.

Fig. 21 ter.

Fig. 22.

Fig. 24.

Fig. 24 bis.

Fig. 25.

Fig. 23.

Masury, Conducteur, del.

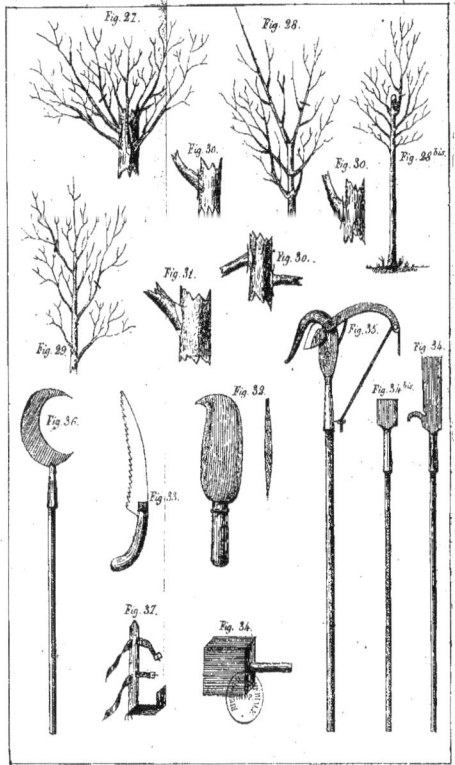

Pl. VII.

Fig. 27.  Fig. 28.

Fig. 30.

Fig. 30.  Fig. 28 bis.

Fig. 31.

Fig. 30.

Fig. 29.

Fig. 35.

Fig. 34.

Fig. 36.  Fig. 32.  Fig. 34 bis.

Fig. 33.

Fig. 37.  Fig. 34.

Krantzy, Graduateur, del.

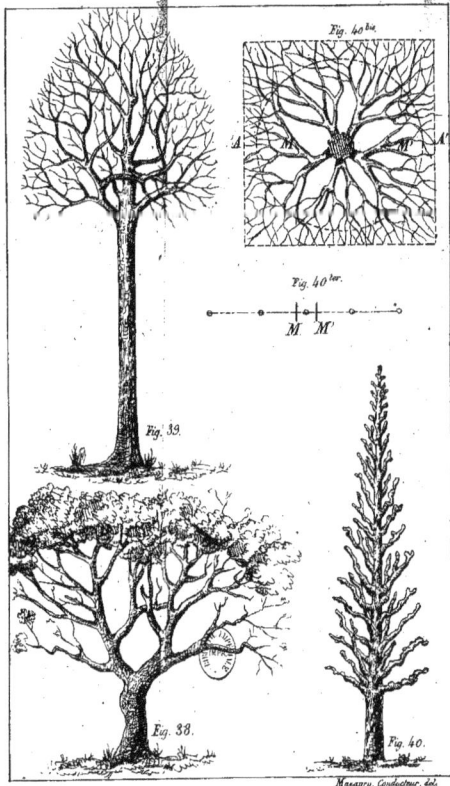

Fig. 40 bis
A
M
M'
A'
Fig. 40 ter
M
M'
Fig. 39
Fig. 38
Fig. 40

Mazaury, Conducteur, del.

Pl. IX.

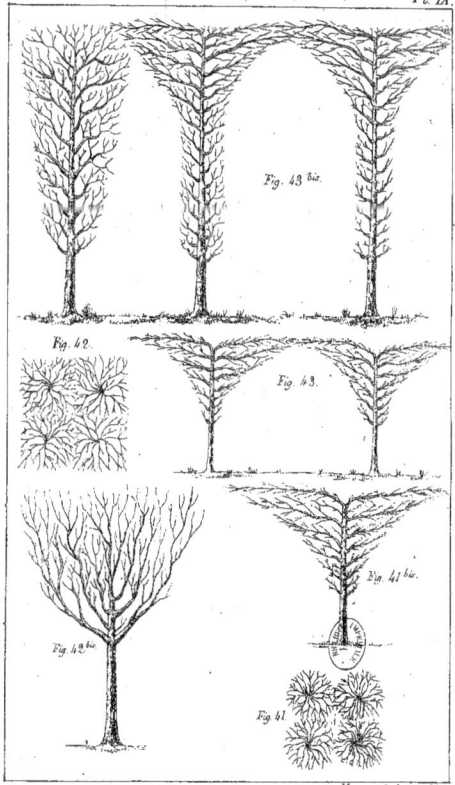

Fig. 43 bis.

Fig. 42.

Fig. 43.

Fig. 41 bis.

Fig. 42 bis.

Fig. 41.

Mansury, Graheür, del.

Pl. X.

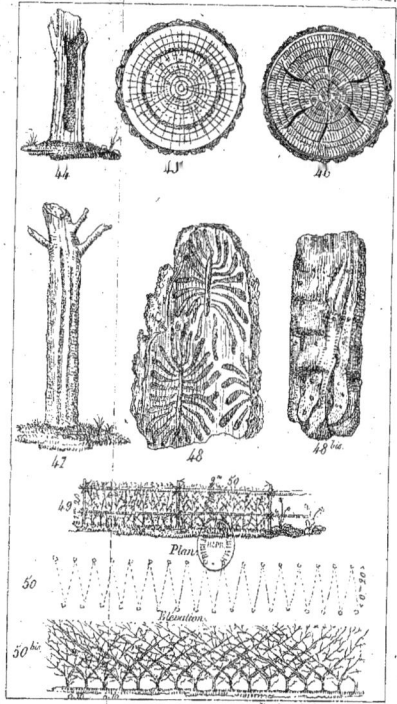

44

45

46

47

48

48 bis.

49

Plan

50

Élévation.

50 bis.

Bainbert, Conducteur, del.

www.ingramcontent.com/pod-product-compliance
Lightning Source LLC
Chambersburg PA
CBHW071239200326
41521CB00009B/1551